죽기 전에 마셔봐야 할

101가지
위스키

이안 벅스턴 저

조문주 역

YoungJin.com **Y.**
영진닷컴

죽기 전에 마셔봐야 할 101가지 위스키

101 WHISKIES TO TRY BEFORE YOU DIE (5TH EDITION)
Copyright © Ian Buxton 2010, 2013, 2016, 2019, 2022
All rights reserved.
Korean translation copyright © 2023 by Youngjin.com
Korean translation rights arranged with Judy Moir Agency
through EYA Co.,Ltd

ISBN 978-89-314-6919-6

독자님의 의견을 받습니다.

이 책을 구입한 독자님은 영진닷컴의 가장 중요한 비평가이자 조언가입니다. 저희 책의 장점과 문제점이 무엇인지, 어떤 책이 출판되기를 바라는지, 책을 더욱 알차게 꾸밀 수 있는 아이디어가 있으면 팩스나 이메일, 또는 우편으로 연락주시기 바랍니다. 의견을 주실 때에는 책 제목 및 독자님의 성함과 연락처(전화번호나 이메일)를 꼭 남겨주시기 바랍니다. 독자님의 의견에 대해 바로 답변을 드리고, 또 독자님의 의견을 다음 책에 충분히 반영하도록 늘 노력하겠습니다.

주 소 : (우)08507 서울특별시 금천구 가산디지털1로 128 STX-V 타워 4층 401호
이메일 : support@youngjin.com
※ 파본이나 잘못된 도서는 구입처에서 교환 및 환불해 드립니다.

STAFF

저자 이안 벅스턴 | **번역** 조문주 | **총괄** 김태경 | **진행** 차바울 | **디자인·편집** 유채민
영업 박준용, 임용수, 김도현, 이윤철 | **마케팅** 이승희, 김근주, 조민영, 김민지, 김도연, 김진희, 이현아
제작 황장협 | **인쇄** 제이엠

서문

이 작은 책은 2010년 9월에 처음 출간되었고 2013년에 첫 개정판을 출간, 2016년에 제3판을 찍고, 2019년에 제4판을 그리고 오늘날, 쉴 틈 없는 3년간의 여정 끝에 제5판을 찍었으며 퀄리티와 가격대 모두를 만족하는 숨은 보석을 찾기 위한 저의 여정이 누적되어 전방위적인 수정과 함께 다수의 새로운 위스키들이 추가되었습니다.

이 모든 것을 가능하도록 한결같이 성원해 주신 독자 여러분께 감사의 말씀을 드립니다. 제가 십여 년 전에 처음 이 여정을 시작했을 때는 이런 열렬한 성원을 감히 짐작할 수도 없었습니다. 실은 이 작업은 처음에는 재미 삼아 가벼운 마음으로 시작하게 된 것입니다. 하지만 이 책은 많은 위스키 애호가들의 욕구를 충족시켰습니다. 이 책은 1,001명의 카피캣을 양산했으며(대략적으로 말하자면 말입니다), 이는 책의 구매자들을 실제로 만나본 결과 이 책을 즐기는 독자들의 몇몇 행동양식을 파악하고 내린 결론입니다.

지난 이삼 년은 굉장히 힘들고 낯선 경험의 연속이었습니다. 그러던 와중에 이 책을 완성하기 위해 조사하고 집필하는 데에 많은 시간이 주어졌던 것은 큰 행운이자 축복이었고, 비록 직접 양조장을 방문하지는 못했지만, 온라인과 화상 방문으로 이를 대체하였습니다. 이 책을 출간하는 시점에는 부디 모든 증류소 투어가 재개되기를 바랄 뿐입니다.

가격은 계속 오르고 위스키를 투자처 취급하여 보틀을 사들이는 사람들이 인플레이션 현상을 가속화합니다. 하지만 그럼에도 불구하고 저는 몇몇 가격이 저평가된 프리미엄 퀄리티 블렌드들과 새로운 라이 위스키들을 발견했습니다.

이전 개정판들과 마찬가지로 여러분 스스로가 경험할 여지를 남겨두기 위해 저의 개인적인 시음 노트는 첨부하지 않았습니다. 만약 독자 여러분이 정말로 시음 노트를 원한다면 온라인에 떠돌아다니는 각종 명망 있는 전문가들의 시음 노트를 찾을 수 있겠지만, 그러한 '전문가'들의 의견은 적당히 무시하고 스스로의 미각을 믿으라고 조언하고 싶습니다. 그렇기에 저는 제 의견은 고이 묻어두었고 여러분은 스스로 길을 찾아가야 합니다. 그 편이 훨씬 재미있을 것입니다! 가격 분류 형식은 통일성을 위해 전편과 동일하게 남겨두되, 개별 항목의 가격대는 현재의 물가를 반영하기 위해 변경되었습니다. 건배!

이안 벅스턴

저자 소개

이안 벅스턴
IAN BUXTON

이안 벅스턴은 자신의 기억보다도 훨씬 더 오래 전부터 위스키 업계에서 일해왔지만(35년이 넘었는데 누가 계산할까요?), 그 이전부터도 전문적으로 술을 마셔왔습니다. '업계 베테랑'이라고 표현할 수도 있지만 그보다 '생존자'라는 표현이 더 어울릴 것 같습니다.

사건과 사고가 가득한 그의 커리어로는 세계적으로 유명한 싱글 몰트의 마케팅 디렉터였고, 수많은 증류주 업체의 컨설턴트였고, 다양한 기사와 책을 썼으며 업계 컨퍼런스도 개최하면서 예고 없이 폐허가 된 증류소를 인수하기도 했습니다.

그는 증류주 업계 최고의 영예인 'Keeper of the Quaich'로 선정되었으며, 'the Worshipful Company of Distillers'의 일원으로 활동하고 있습니다.

이안 벅스턴의
다른 저서들

- 듀어스의 영원한 유산(The Enduring Legacy of Dewar's)
- 글렌글라사: 증류소, 다시 태어나다(Glenglassaugh: A Distillery Reborn)
- 죽기 전에 꼭 마셔봐야 할 101가지 세계 각지의 위스키(101 World Whiskies to Try Before You Die)
- 죽기 전에 꼭 마셔보고 싶지만 (아마도) 못 마셔볼 101가지 위스키(101 Legendary Whiskies You're Dying to Try But (Possibly) Never Will)
- (P. S. 휴즈 교수와 함께 한) 위스키의 과학과 상업(The Science and Commerce of Whisky with Professor P. S. Hughes)
- 죽기 전에 꼭 마셔봐야 할 101가지 진(101 Gins to Try Before You Die)
- 글렌파클라스: 독고다이 증류소(Glenfarclas: An Independent Distillery)
- 그럼에도 증류소는 계속되었습니다: 모리스 보모어 이야기(But the Distilleries Went On: The Morrison Bowmore Story)
- 죽기 전에 꼭 마셔봐야 할 101가지 럼(101 Rums to Try Before You Die)
- 위스키 갤로어: 스코틀랜드 섬 증류소 여행(Whiskies Galore: A Tour of Scotland's Island Distilleries)
- 진: 영혼의 동반자(Gin: The Ultimate Companion)
- 죽기 전에 꼭 마셔봐야 할 101가지 크래프트 세계 위스키(101 Craft and World Whiskies to Try Before You Die)

역자의 말

동네 편의점부터 이마트까지, 훌륭한 위스키는 어디서든 구할 수 있다!

놀랍게도, 얄팍한 지갑 사정으로도 손쉽게 써먹을 수 있는 실전 위스키 서적이 나왔다. 저자인 이안 벅스톤은 "힘든 일일지라도 누군가는 해야만 하는 일이야!"라며 세상의 수많은 위스키 중, 모셔두는 '최고'의 위스키가 아니라 나누며 마시기 최고인 위스키를 선별해 소개한다. 101가지 위스키 리스트에 그 흔한 시음 노트 하나 남겨주지 않고 순위를 매기지도 않는다. 생산지와 가격대 같은 기본적인 정보들부터 위스키에 얽힌 독특한 서사와 특징과 장점 등 개개인이 완성할 리스트의 실마리를 제공할 뿐이다.

치솟는 물가와 가격 거품을 주도하는 위스키 시장, 그러나 이 책의 101가지 리스트는 위스키에 갓 입문한 초보자도, 레스토랑에 새로운 위스키를 들이고 싶어 하는 소믈리에도 참고할 만하다. 이 리스트와 여행을 하다 보면 어느새 자신에게 꼭 맞는 위스키만 골라 마시는 베테랑이 되어 있을 것이다.

입맛에 맞는 위스키가 최고의 위스키

조문주

역자 소개

일리노이 주립대학(UIUC) 회계학과 재학 중 뉴욕의 파슨스 디자인 스쿨로 진학하여 패션 디자인을 전공했다. 패션 의류 기업에서 근무하며 디자이너로서의 일과 통번역의 일을 병행하였다. 음식과 술에 대한 관심도 많아, 최근에는 미슐랭 한식 전문점인 온지음에서 일하며 한국 음식과 전통주에 대한 견문을 넓혀왔으며, 국제 와인 소믈리에 자격증을 취득하고 공부하며 술이 우리에게 주는 비밀스러운 즐거움을 알리는 데도 노력하고 있다.

'Seen through the gold of old scotch, life seems more beautiful.'

잘 익은 황금빛 스카치를 통해 본다면, 삶은 더 아름답게 보일 것이라는 피에르 수베르트의 말처럼 '죽기 전에 마셔봐야 할 101가지 위스키'를 통해 우리들의 삶이 더욱더 영롱하고 아름답게 무르익기를 소망하며 이 책을 빚었다.

목차

소개말

'죽기 전에 꼭 마셔봐야 할 101가지 위스키'는 조금은 특이한 위스키 리스트입니다. 누가 누가 수상을 더 많이 했는지 가리는 리스트는 아닙니다. 그리고 101개의 세계 최고 위스키를 판별하는 리스트도 아닙니다.

이 리스트는 제목 그대로 위스키 애호가라면 꼭 한 번쯤 마셔봐야 할 위스키들에 대한 가이드입니다(해당 위스키들이 마음에 들든 들지 않든). 위스키 세계에 대해 견문을 넓히기 위해 말입니다(배움에는 끝이 없기 때문입니다). 게다가 이 리스트는 실용적이고 현실적이기까지 합니다.

이 리스트에서는 책이 출판되기도 전에 이미 완판 되어 버릴 게 뻔한 애매한 싱글 캐스크 위스키들은 제외했습니다. 그리고 너무 비싸서 (운 좋게 찾는다 해도) 아무도 살 수 없을 것 같은 위스키들도 제외했습니다. 생각해 보세요, 그게 무슨 의미가 있습니까? 제가 만약에 IWSC(역주: 국제 와인 및 증류주 대회) 40년 숙성 스카치위스키 부문에서 수상한 40년 숙성 글렌글라사(Glenglassaugh)를 추천한다면 저는 굉장히 유식해 보일 것입니다. 같은 맥락으로 이 위스키는 돈을 주고 살 수 있는 가장 좋은 싱글 몰트 스카치위스키입니다. 매우 박식하고 전문적인 심사위원들이(그것도 저보다 더 박식한 사람들이 여럿 모여서) 수많은 위스키 중에서 선택한 제품입니다. 비록 이 위스키에 대해 많은 정보가 있진 않지만, 이 위스키는 엄청난 최상등급임이 틀림없었습니다. 제가 여러분에게 이 위스키를 소개한다면 제가 여러분에게 호의를 베풀고 있는 것처럼 보일 수 있습니다. 하지만 이 위스키는 여러분이 재주 좋게 이 위스키를 찾아낸다손 치더라도(아마 못 구하겠지만) 현재 병당 4,500파운드가 넘어갑니다. 그것도 아니면 50년 숙성의 글렌피딕(Glenfiddich)은 제품 출시와 동시에 첫 판매가가 32,500파운드로 책정되어 있습니다. 당장 한 병 구매하실 수 있으시겠습니까? 아마 아닐 겁니다. 바로 이러한 이유로 이 책을 쓰기 시작했을 때 저만의 몇 가지 원칙들을 정했습니다.

간략히 하자면 이 책에 기재되어 있는 위스키들의 원칙은 다음과 같습니다.

a 구매가 용이해야 합니다(영국 밖 지역에 있는 독자들은 조금 구하기 어려울지도 모릅니다만, 대부분의 위스키는 잘 찾아본다면 괜찮은 주류 전문점이나 온라인 판매처에서 구할 수 있을 겁니다).

b 비교적 저렴하게 구매할 수 있어야 합니다(그 점에 대해서는 뒤에 자세히 설명하겠습니다).

그리고, 너무나 당연한 말이지만, 이 리스트에 포함할 만한 차별성이 있어야 합니다. 대부분 이 리스트에 포함된 제품들은 비슷한 종류의 타제품 군들을 대표할 만한 매우 좋은 본보기이기 때문에 선정됐지만, 몇몇 제품들은 남들과 다른 차별성이 있다고 여겨져 여러분들의 성원과 지지를 받을만하다고 여겨서 포함했습니다. 몇몇은 작은 증류소가 거대 공룡기업 제품들로 범람하는 파도를 거슬러 올라가며 외로운 싸움을 하고 있기 때문에 포함하기도 했지만, 어떤 경우에는 꼭 특정 제품군을 잘 대표한다기보다 그 제품 자체가 대체 불가할 정도로 평균치에서 벗어나는 자기만의 색깔이 있기 때문에 한번 시음해보시길 바라는 마음에 포함했습니다. 어쩌면 제 추천 제품 중에는 여러분들에게도 익숙하지만 기억 속에서 잊혔던 추억의 제품들이 있을지도 모르겠습니다. 하지만 그것보다는 제가 여러분께 새롭고 예상 밖의 제품들을 많이 소개해 드릴 수 있길 바랄 뿐입니다. 무엇보다도 이 책은 '마시기' 좋은 위스키에 관한 책이지 콜렉팅 하기 좋은 위스키에 관한 책이 아닙니다.

수량이 너무 적어 구하기가 어려운 싱글 캐스크 위스키는 리스트에서 제외했습니다. 그리고 컬렉터들을 겨냥해 출시된 것 같은 제품들도 과감히 제외했습니다. 무엇보다도 저는 가격 측면을 매우 엄격하게 따졌습니다. 영국 위스키 숍 기준 150파운드가 넘어가는 위스키들은 매우 신중하게 검토했습니다. 만약 500파운드가 넘어간다면 어지간하면 거의 넣지 않는 방향으로 잡았고 1,000파운드가 넘어가는 순간 바로 제외했습니다(라리끄(Lalique) 사의 크리스털 디캔터에 담긴 맥캘란(Macallan) 57년 파이니스트 컷아 미안하다. 달모어(Dalmore) 62년 그리고 아드벡(Ardbeg)의 호사스러운 더블배럴아 안녕. 너희가 맛있는 술이라는 것에는 전혀 이견이 없지만 너희의 비현실적인 가격이 너희를 제외시켰단다). 현실적으로 놓고 보았을 때 우리는 위스키를 마시려는 사람들이지 러시아 억만장자들이 아니까 말입니다.

덧붙이자면 저는 '세계 최고의 위스키'라는 지나치게 간소화된 환원주의적인 개념을 믿지 않는 사람이기 때문에 저의 리스트는 철저하게 알파벳에 따라 순번을 나누었습니다.

한 가지 더 특이한 점은 이 리스트는 '채점제'가 아니라는 점입니다. 다시 한번 말하지만, 저는 개인의 취향, 더 나아가서는 한 사람의 취향이 반영된 점수 체계를(대부분의 이런 류의 테이스팅 관련서들이 그렇듯) 여러분이 무작정 따라가서는 안 된다고 믿고 있습니다. 제가 100점 만점제의 점수 체계를 불신하는 데에는 몇 가지 이유가 있는데, 이를 차치하더라도 일개 개인이 92점짜리 위스키와 93점짜리 위스키를 일관성 있게 판별하는 것은 불가능하다고 생각합니다. 0.5점 차라면 그 차이는 더 말도 안 되는 차이입니다. 제 생각에는 '세계 최고의 위스키'라는 개념은 상당히 난센스적인 개념이기 때문에 우리는 그 방면으로는 더 이상의 말을 아낄 것입니다.

우리는 오리지널 위스키 구루인 아이네아스 맥도널드(역주: Aeneas MacDonald는 필명이며 작가는 1930년대에 영국에서 'Whisky'라는 최초의 비전문가를 위한 위스키 서적을 발간해 굉장한 호평을 받은 바 있음)로부터 영감을 얻을 필요가 있습니다. 1930년대에 이미 그는 현명한 애주가라면 위스키를 본인의 판단력, 후각, 그리고 미각을 믿고 판단하는 법을 키울 필요가 있다고 조언한 바 있습니다. 과연 멋진 통찰력입니다.

하지만 세상에는 너무 많은 위스키가 있고 시간은 한정되어 있습니다. 위스키의 저변은 하루가 다르게 넓어지고 있기에 전문가의 조언은 여러분이 미처 생각지도 못한, 생소하지만 보람찬 미지의 세계로 안내해 줄 수 있을 때 비로소 가치 있을 것입니다. 스코틀랜드산, 미국산, 아일랜드산, 일본산, 그리고 캐나다산 위스키들이 이 리스트에 모두 총망라되어 있습니다. 어떤 제품들은 스웨덴, 인도, 호주, 타이완, 핀란드, 웨일스 그리고 그 외 예상 밖의 지역에서 왔습니다. 잉글랜드산조차도 포함되었습니다. 저는 의식적으로 최대한 방대한 위스키의 저변을 포함하려고 노력했고, 심지어는 개인적으로 제가 선호하는 스타일의 위스키가 아님에도 비슷한 계열의 위스키의 종류를 잘 대변한다고 생각하여 리스트에 포함한 제품들도 있습니다.

그럼 어떤 기준으로 리스트를 선별했냐고요? 그건 정답이 없는 질문입니다.

첫째로, 저는 제 지식과 판단력에 의존했습니다. 저는 위스키 업계에서 거의 30년 가까이 일해왔고(물론 이 일이 '일'처럼 느껴지지 않을 때도 많습니다만), 몇몇 증류소들에 컨설팅을 제공해 왔으며, 스코틀랜드에서 가장 유명한 싱글 몰트 위스키 회사에서 마케팅 디렉터로 일해왔고, 세계 위스키 박람회를 기획 및 개최한 경험이 있으며, 위스키에 관해 몇 권의 책을 쓴 바 있고, 몇몇 위스키 대회에서는 심사위원으로 활동한 경력도 있습니다. 물론 저는 아직 위스키에 대해 아직 배우는 단계이고 하루하루가 새로운 배움의 일상입니다. 하지만 저는 다양한 위스키들을 시음해 볼 수 있는 꽤 특별한 경험을 할 수 있는 위치에 있었고, 위스키에 대해 그리고 그 위스키를 만든 사람들에 대해 조금쯤 지식이 있다고 자부하고 있습니다.

둘째로, 저는 동종업계 사람들의 의견을 반영하였습니다. 저는 특히 유수의 메이저 대회 우승자들을 중점적으로 살펴봤는데 국제 와인&스피릿 대회(IWSC, International

Wine&Spirit Compeititon), 샌프란시스코 세계 스피릿 대회(San Francisco World Spirits Competition), 위스키 매거진 주최의 세계 위스키 어워즈(World Whiskies Awards), 그리고 몰트 마니악(Malt Maniacs)에서 개최한 좀 더 캐주얼한 대회들의 수상자들을 검토했습니다. 폴 컬트(F. Paul Pacult)의 시음 노트들과 그를 위시한 다수의 국제 위스키 잡지들에 실린 전문가들의 고견은 제가 생소한 위스키들을 소개하는 데 영향을 미쳤습니다.

제가 이 글을 쓰는 시점에 제가 살고 있는 영국에만 140개 가까이의 위스키 증류소들이 운영되고 있습니다(그중 꽤 많은 수의 증류소가 스코틀랜드 외 지역에 있습니다). 하지만 업계 특성상 이 책이 출판되는 시점에는 그 수가 또 달라질 게 분명합니다. 전 세계적으로 보자면… 오, 글쎄요, 최근 빠르게 확산되고 있는 미국의 '크래프트' 카테고리까지 포함한다면 2,000곳 정도 되지 않을까 싶습니다. 아니 더 되지 않을까 싶네요. 아마 아무도 정확한 답을 모를 겁니다.

새로운 증류소들은 계속 생겨나고 있습니다. 지난 10년간 위스키 업계에서는 전 세계적 신생 증류 회사들의 증식, 특히 미국과 신생 위스키 국가들에서 부티크 스타일 크래프트 양조장들의 증식이 화두였습니다.

그중 다수의 증류소가 매우 훌륭하고 유용한 방문자센터를 보유하고 있지만 오픈 시간과 기간은 천차만별입니다. 그렇기 때문에 이 부분과 관련해서는 상세한 정보를 기재하지 않았으며, 온라인이나 전화를 통해 방문자센터 오픈 시간 정보를 미리 얻는 걸 추천해 드립니다.

우리는 이제 스코틀랜드, 아일랜드, 캐나다, 미국, 일본, 인도, 스웨덴, 벨기에, 스위스, 호주, 프랑스, 오스트리아, 체코, 영국, 웨일스, 핀란드, 독일, 네덜란드, 러시아, 뉴질랜드, 파키스탄, 터키, 한국 그리고 남아프리카산 위스키를 손에 넣을 수 있는 세상에 살고 있습니다. 심지어는 브라질, 네팔, 우루과이, 아이슬란드, 이스라엘, 베네수엘라에도 증류소가 있습니다. 이제는 위스키를 자체 생산하지 않는 나라를 찾는 편이 빠를 것입니다.

하지만 불가피하게 이 책에 나오는 위스키의 절반 정도는 스코틀랜드산입니다. 제 모국 출신 위스키가 57 제품이나 선정되었습니다. 하지만 요즘 들어 날이 갈수록 높아지는 '국제 위스키'의 위상과 품질에 힘입어 절반 가량은 미국, 일본 그리고 그 외 국가들 출신의 위스키로 채웠습니다. 그리고 이들 위스키의 품질은 가히 감탄스러울 거라 제가 보장합니다.

이 모든 국가들이 다들 자신들의 '싱글 몰트' 위스키를 각자만의 생산 연도, 개스크 종류, 피니시, 등의 차이를 두어 생산하고 있다고 가정하면(대부분 그렇습니다만), 게다가 거기에 블렌디드 위스키나 스카치 스타일 이외의 버번 위스키나 라이 위스키처럼 토착 스타일의 위스키까지 취급한다면 위스키 세계의 저변이 얼마나 넓어질지, 그리고 이 모든 위스키를 시음하려면 일평생을 바쳐 끊임없는 노력을 해야 하는 긴 여정이 될 것임을 짐작할 수 있을 것입니다.

이 책이 여러분에게 주고 싶은 한 가지 교훈이 있다면, 좋은 품질의 혹은 특색 있는 위스키를 찾기 위해서 많은 돈을 쓸 필요가 없다는 것입니다. 사실 저는 이 리스트를 완성하면서 가격을 찾아볼 일이 별로 없었습니다.

하지만 물론, 가격은 항상 변하고 있습니다. 특히, 세금과 관세는 변동이 심하고, 고객의 반응이 시원치 않은 위스키들은 마케팅 사람들의 용어를 빌리자면 '리포지셔닝'되어 프로모션 가격에 팔리기도 합니다. 만약 여러분이 저로부터 수천 마일 떨어진 곳에 살고 있으며 바다 건너온 수입 위스키 가격이 매우 높게 책정되고 자국 위스키는 싼값에 구할 수 있는 곳에서 이 글을 읽고 있다면 가격이 다를 것입니다.

영국을 방문하는 외국인 여행객들이 항상 놀라는 것 중 하나는 영국의 높은 세율입니다. 많이 듣는 질문 중 하나인 "왜 스코틀랜드에서 직접 사는 위스키가 우리나라에서 사는 위스키보다 더 비싸죠?"라는 질문에 대한 해답은, 영국 정부가 스탠더드 블렌디드 위스키 기준 병당 소매가의 4분의 3에 해당하는 금액을 소비세와 부가 가치세로 과세하기 때문입니다. 하지만 좋은 소식은 위스키의 금액대가 올라갈수록 과세율이 감소한다는 것입니다. 어떤 보틀을 구매해야 할지는 명확합니다.

세상에는 수천 가지가 넘는 위스키가 있습니다(어쩌면 만여 개가 넘어갈지도). 아니 실은 누구도 잘 가늠할 수 없을 겁니다. 오래된 속담에도 있듯이, 힘든 일일지라도 누군가는 해야만 하는 일이 있습니다. 제가 여러분이 즐길 수 있을 만한 101개의 제품을 골라왔습니다. 제게 따로 감사하실 필요는 없습니다. 제 책을 구매해 주신 것만으로도 충분한 감사를 받았다 치겠습니다.

각각의 제품들에는 위스키에 대한 설명과 생산자, 배경지식들을 함께 기재해 두었으니 이 정보들이 흥미롭고 쓸모 있는 정보이기를 바랍니다. 또한 책에 있는 그 모든 정보보다 여러분에게 소중할 개인의 선호 제품과 여러분만의 시음 노트 등을 적을 수 있는 빈칸을 만들어 두었습니다. 이제 여러분만의 여정을 시작하십시오.

슬런치(역주: Sláinte는 스코틀랜드와 아일랜드식 건배사)!

아래에 1부터 5단계로 나눈 가격 기준표를 준비했습니다.

1 25파운드 이하

2 25파운드–39파운드

3 40파운드–69파운드

4 70파운드–149파운드

5 150파운드 이상

뉴스 속보! 제가 앞에서 57개의 스코틀랜드산 위스키가 있다고 말씀드렸었을 겁니다. 다시 한번 체크해 보니 놀랍게도 이번 5번째 개정판에서는 그 수가 더 늘어났습니다. 의식적으로 계획하진 않았습니다만 이리된 걸 보면 노래하는 야생의 협곡이 있고 사치 홀(역주: Sauchiehall Street, 영국 글래스고의 주요 상권) 거리의 주류 판매점들이 살아 숨 쉬는 위스키의 본고장에는 아직도 꽤 쓸만한 물건들이 많다는 방증이겠습니다.

1

생산자	시바스 브라더스 (Chivas Brothers Ltd)
증류소	아벨라워, 스페이사이드
방문자센터	있음
구매처	다양한 구매처
웹사이트	www.aberlour.com
가격	

어디서

언제

총평

Aberlour 아벨라워

아부나흐(A'bunadh)

시바스 소유의 매력적인 아벨라워 증류소는 동일한 이름을 가진 마을 초입에 위치해 있습니다. 북쪽으로 드라이브하면 바로 맞은편에 미식가들 사이에서 유명한 워커의 쇼트브레드 공장이 위치하고 있어 눈에 띌 수밖에 없습니다. 하지만 지독한 빵순이 빵돌이들이 아닌 이상 증류소 쪽이 몇 배는 더 재미있을 겁니다.

아벨라워의 캐스크 스트렝스(Cask Strength, 역주: 캐스크에서 숙성한 증류 원액에 물을 타지 않고 그대로 병입한 것) 위스키는 지난 몇 년간 꽤나 유명세를 치르기 시작했고 이 스페이사이드 몰트의 웅장하고 풍부한 풍미에 꽤나 진심인 추종자들을 확보했습니다. 만약 이 증류소에 직접 방문한다면 체험 프로그램으로 제공하는 직접 캐스크에서 갓 뽑아낸 위스키를 개인 보틀에 담아보는 훌륭한 경험을 해보시길 추천합니다(방문 전 예약은 필수입니다). 게다가 스페이사이드에서 두 개의 위스키 페스티벌들이 주최되는 기간에는 근방의 다른 훌륭한 증류소들과 마찬가지로 여러분의 지갑을 현혹할 각종 이벤트들이 증류소에서 진행됩니다.

이 증류소의 마케팅팀은 게일어학사전(역주: 스코틀랜드 켈트어를 게일어로도 지칭)을 통째로 집어삼킨 게 분명합니다. 발음하기도 힘든 아부나흐 외에도(아-분-아흐로 발음되는 이 단어의 의미는 스코틀랜드 게일어로 오리지널 혹은 근원이라는 뜻입니다) 다른 익스프레션들의 이름은 캐스크 안남(Casg Annamh, 희귀한 캐스크라는 뜻이라고 합니다)을 포함한 다양한 연식의 리미티드 보틀들이 있습니다. 아부나흐는 저온 여과를 거치지 않은 캐스크 스트렝스 위스키인데, 이 위스키의 탄생 배경에는 올로로소 셰리를 담았던 스페인산 오크에서 숙성한 19세기 스타일의 위스키를 재현하고자 하는 의지가 있었다고 합니다. 만약 여러분이 맥켈란(Macallan)이나 글렌파클래스(Glenfarclas)와 같은 전통적인 방식의 위스키의 팬이라면 이 위스키를 마음에 들어 할 것입니다.

한 가지 유의할 점은 이 위스키는 배치 단위로 라벨링 되기 때문에(역주: A'bunadh는 숙성 기간 대신 리미티드 배치 단위로 표기되고, 각 배치는 고유한 번호를 부여받으며 배치마다 맛의 편차가 있음. 이 생산자의 배치는 5년~25년가량 숙성된 위스키 배럴들을 블렌딩 하여 제조됨). 만약 마음에 드는 보틀을 발견했다면, 동이 나기 전에 같은 배치의 보틀을 몇 개 더 쟁여두는 편이 좋습니다. 게다가 이 위스키는 처음 배치와 다음 배치의 맛을 비교해 보는 재미있는 실험도 가능케 합니다. 이러한 맛의 편차가 전혀 문제가 되지 않는 것은 이 정도 퀄리티의 위스키에 이 정도 스트렝스(거의 알코올 도수 60%에 육박합니다)에 이 가격이 말도 안 되기 때문입니다. 가장 최근 배치 기준으로 병당 80파운드 정도의 가격일 겁니다.

시음 노트	색상	후각
	미각	여운

2

생산자	윌리엄 그랜트 앤 선즈 디스틸러스
	(William Grant & Sons Distillers Ltd)
증류소	비공개
방문자센터	없음
구매처	다양한 구매처
웹사이트	www.aerstonescotchwhisky.com
가격	■■

어디서	
언제	
총평	

Aerstone 에어스톤

시 캐스크(Sea Cask) / 랜드 캐스크(Land Cask)

유행은 돌고 돌아 다시 돌아오는가 봅니다. 언젠가 하이버니안 FC가 스코틀랜드 컵 우승을 하는 것도 말입니다(물론 지금은 언제 적 일인지 기억도 안 나는 옛날이야기이지만 아직 희망은 있습니다…). 그리고 아티산 스피릿 회사인 J.G. 톰슨(the J. G. Thomson)의 제품군처럼 몰트 위스키를 간소화하는 데 주력하는 브랜드들도 그렇습니다(52번 위스키 참조).

마케팅 업계의 사람들은 '전통적인 위스키 용어'가 '디코딩(decoding)'이 필요하다는 생각에 사로잡혀 있는 것 같습니다. 하지만 더 이지 드링킹 위스키 컴퍼니(The Easy Drinking Whisky Company, 역주: Edrington의 투자로 David 'Robbo' Robertson과 Jon&Mark Geary 형제가 설립한 회사로 스카치 블렌디드 몰트 위스키의 이름을 이해하기 쉬운 "진하고 매콤한 것" 등의 직관적 이름으로 출시해 얼마간의 상업적 성공을 거두었던 회사. 2010년 폐업)가 증명했듯이 애들 장난 같은 미사여구는 위스키 애호가는 물론이거니와 잠재적인 위스키 고객들을 사로잡지 못합니다.

하지만 에어스톤은 윌리엄 그랜트 앤 선즈라는 흠잡을 데 없는 싱글 몰트 위스키 명가에서 출시한 제품이기에, 어쩌면 이번에 타이밍과 마켓이 받쳐준다면 승산이 있을지도 모르겠습니다. 그들은 에어스톤이 '사람들이 싱글 몰트의 테이스트 프로파일을 더 잘 이해할 수 있게' '두 가지의 특징이 뚜렷한 버전'을 출시했다고 합니다. 시 캐스크와 랜드 캐스크 두 가지 버전이며, 이 둘의 유일한 차이점은 위스키를 숙성시킨 배럴이 다르다는 점뿐이라고 합니다.

어떤 증류소 작품인지 특별히 명시되어 있지는 않았지만, 비록 셜록 홈즈가 아니더라도 이 위스키가 윌리엄 그랜트의 거반에 위치한 에일사 베이 증류소(Ailsa Bay distillery) 작품이란 것쯤은 쉽게 간파할 수 있겠고, 그 말인즉슨 이 위스키는 로우랜드 싱글 몰트가 되겠습니다. 만약 이러한 괴상한 전문용어가 여러분을 위축시킨다면 미안합니다. 신선하게도 그리고 누군가에게는 익숙하게도, 숙성 기간을 생략하는 요즘의 트렌드는 가볍게 무시했습니다. 두 제품 모두 10년 숙성 버전입니다. 지금까지는 흠잡을 곳 없이 훌륭합니다. 위스키 애호가의 입장에서 에어스톤은 숙성 방법에서만 차이를 둔 동일한 증류소에서 나온 동일한 숙성 기간의 동일한 위스키를 비교해 볼 수 있는 흥미로운 기회를 제공한다는 데 의의가 있겠습니다. 또한 위스키 초보자의 입장에서는 선택을 손쉽게 만들어 준다는 장점이 있겠습니다.

'부드럽고 가벼운 맛'(시 캐스크) vs '진하고 스모키 한 맛'(랜드 캐스크).

시음	색상	후각
노트	미각	여운

3

생산자	암룻 디스틸러리
	(Amrut Distilleries Ltd)
증류소	암룻, 벵갈루루, 인도
방문자센터	있음
구매처	주류 전문점
웹사이트	www.amrutdistilleries.com
가격	■■□

어디서	
언제	
총평	

Amrut 암룻

퓨전(Fusion)

이스트 엔더스(EastEnders, 역주: 1985년도에 방영한 런던 이스트엔드 지역 주민들의 일상을 그린 유명 영국 드라마)의 크리스마스 옴니버스 에피소드만큼 길게 늘어지고, 두 배는 더 다이나믹한 무역 분쟁으로 인해 현재 인도에서 '위스키'라고 불리는 증류주는 영국과 유럽에서 판매가 금지되어 있습니다. 그 이유는 인도 '위스키'는 대부분 몰라스(molasses, 역주: 사탕수수를 정제할 때 나오는 부산물로 끈적한 갈색의 시럽)로 만들어져 있고, 영국 기준에서 그것은 럼(rum, 역주: 사탕수수를 주원료로 만들어진 증류주)으로 분류되고 있기 때문입니다. 이에 대한 반발로 인도 정부와 지방자치단체들은 자국 이외의 위스키 업계에 혹독한 관세를 적용하고 있습니다.

수출업자들을 제외하고는 다들 잘 모르시겠지만, 인도는 무척 거대한 위스키 시장이고 몇몇 거대 양조업체들을 보유하고 있습니다. 특히 배그파이퍼(Bagpiper)와 맥도웰(McDowells, 도대체 어디에서 유래한 상호일지 궁금하군요)을 위시한 몇몇 브랜드들의 매출이 얼만지 들으면 아마 깜짝 놀라실 겁니다.

하지만 제가 리스트에 포함한 인도 위스키는 1948년도에 설립된 작은 중소기업인 암룻 증류소의 제품입니다. 그리고 이 제품은 맥아 보리, 물, 효모만으로 만든 제대로 된 싱글 몰트 위스키입니다. 하지만 2004년 론칭 초기 당시에 스코틀랜드의 애주가들 사이에서 이 제품은 환영받지 못했습니다. 이는 두 가지를 방증했다고 봅니다. 첫 번째는 어느 정도 국수주의의 편협함이 작용했다는 것입니다. 왜냐하면 블라인드 테이스팅에서는 이 제품이 매우 긍정적인 평가를 받았기 때문입니다. 그리고 두 번째는 암룻의 경영진이 스카치의 본고장에서 성공하기로 굳게 마음먹었다는 것입니다.

그리고 그들은 퓨전을 위시한 다수의 창의적인 익스프레션들로 명망 있는 많은 평론가와 잡지사가 주최한 많은 대회에서 수상하는 성과를 올립니다. 이 최초의 인도산 싱글 몰트는 곧 고아(Goa)사의 폴 존(Paul John, 82번 참조)과 람푸어(Rampur, 83번 참조) 등의 쟁쟁한 경쟁자들을 양산했고 이는 몇몇 사람들이 인도 위스키에 관심을 가지는 계기가 되었습니다. 2017년경 암룻은 40여 곳의 국가에 위스키를 수출하기에 이르렀습니다.

퓨전은 히말라야에서 자란 인도 보리와 스코틀랜드산 이탄(Peat) 건조맥아가 합쳐진 독특한 제품입니다. 50%의 적절한 알코올 도수로 보틀링되어 지구 반 바퀴를 운반하는 운임과 추가 관세에도 불구하고 병당 60파운드 이하의 꽤 괜찮은 가격대를 형성하고 있습니다.

시음 노트	색상	후각
	미각	여운

생산자	아르비키 하이랜드 에스테이트
	(Arbikie Highland Estate)
증류소	아르비키, 노스 이버케일러, 아브로스,
	앵거스
방문자센터	있음
구매처	주류 전문점
웹사이트	www.arbikie.com
가격	■■■

어디서
언제
총평

Arbikie 아르비키

1794 하이랜드 라이(1794 Highland Rye)

이번 위스키는 엄청난 장고 끝에 포함했습니다. 매우 좋은 제품이지만 비교적 생소한 신공법으로 만들어진 비 오크숙성 위스키로, 보틀링 된 날짜에 바로 라벨링 되는 제품 치고는 비싼 100 파운드가 넘는 가격대에 팔리고 있습니다. 특히 이들의 보드카나 진이 3분의 1 정도의 가격대를 형성하기에 더욱 그렇습니다.

하지만 이 제품은 스코틀랜드의 첫 라이 위스키였습니다(물론 RyeLaw도 있습니다, 51번 참조). 또한 현대를 사는 우리 세대에 적합하고, 후대에 물려줄 만한 혁신적이고 창의적인 시도를 많이 하고 있기 때문에 이 리스트에 포함될 자격은 충분합니다. 가격에 대해서는 미리 경고했습니다!

이 증류소에 직접 가 보시길 추천합니다. 신생 증류소치고는 거대한 방문자센터에서 내려다보는 사유지는 햇빛에 반짝이는 북해를 둘러싼 너른 만에 끝없이 펼쳐진 곡물밭이 가득한 아름다운 경치를 자랑합니다. 이곳은 전통적인 위스키 생산지가 아님에도 연간 1,500시간의 햇빛이 드는 스코틀랜드에서 가장 화창한 지역입니다.

따라서 1794라는 네이밍은 약간 의심스러운 적통성에 대한 주장입니다. 물론 그 당시에도 이 근방에 증류소가 존재하기야 했겠습니다만, 짐작건대 작은 농장 규모에서 운영되다가 곧 기억 속에서 잊힌 정도 수준일 겁니다. 이 기업은 완연한 신생기업이라 봐야 합니다. 이는 곧 이들이 현대사회가 강조하는 지속 가능성을 중시하기에 저전력 발전, 작물생산, 그리고 보틀링에 드는 푸드마일을 줄임으로써 현대에서 중요시하는 이념들을 적용하는 한편, 1960년대부터 창립주의 가족들이 농사짓던 이 지역에 자라던 다양한 토착 보리 품종들을 되돌아볼 기회를 잘 잡았다는 뜻이기도 합니다. 아마 우리는 이 품종들을 적용한 싱글 몰트 제품들을 20년대 말경에는 만나볼 수 있을 겁니다.

보드카가 취향이 아니라면(솔직히 누가 보드카를 좋아하거나 한답니까?), 달콤하고 매콤하고 맛있는 라이 위스키를 마셔보십시오. 현행법상 '싱글 그레인 스카치위스키'라고 라벨링 되어있지만, 이 위스키는 19세기말까지 스코틀랜드에서 증류하던 방식 그대로 호밀로 만든 위스키입니다. 아르비키에게 잊힌 전통을 재현했다 자랑할 수 있게 인정해 줘야겠습니다(역주: 18세기부터 스코틀랜드 그레인 위스키는 대부분 호밀로 만들어졌으며, 현대의 그레인 위스키는 대부분 밀이나 옥수수로 제조됨). 오늘날의 소비자들은 우아한 패키지에 모든 생산 과정에 걸쳐 수고로움을 마다하며 사사로운 부분 하나 놓치지 않고 꼼꼼히 설명해 놓은 이 브랜드의 투명성을 존중하고 높이 살 것입니다.

시음	색상		후각	
노트	미각		여운	

5

생산자	글렌모렌지 유한책임회사
	(Glenmorangie plc), LVMH
증류소	아드벡 아일라
방문자센터	있음
구매처	다양한 구매처
웹사이트	www.ardbeg.com
가격	▪▪▫

어디서

언제

총평

Established 1815

Ardbeg

The Ultimate
ISLAY SINGLE MALT
SCOTCH WHISKY

GUARANTEED **TEN** YEARS OLD

NON CHILL-FILTERED

ARDBEG *is considered by whisky* CONNOISSEURS *to be not only* the
BEST *of the Islay malt whiskies but* THE BEST WHISKY IN THE WORLD.

ARDBEG DISTILLERY LIMITED
ISLE OF ISLAY, ARGYLL, SCOTLAND PA42 7EA

46%vol   DISTILLED & BOTTLED IN SCOTLAND   70cl

Ardbeg 아드벡

10년

여러분은 이미 아드벡에 대해 각자의 견해를 가지고 계실 겁니다. 하지만 저는 아직도 솔직히 마음을 정하지 못했습니다. 저는 이 증류소를 흠모해 마지않고 이곳에서 이뤄낸 많은 성과에 감탄하며 1997년에 다시 문을 연 이래로 이 상징적인 아일라 증류소를 지지하는 열정적인 팬덤이 있다는 사실도 잘 알고 있습니다. 이곳은 제가 아는 증류소 케이터링 중 최고의 음식 퀄리티를 자랑하며, 친절하고 흠잡을 데 없는 방문자센터를 보유하고 있습니다(현지인들이 방문할 정도이면 말 다 한 것입니다). 그리고 매년 열리는 피에스 아일(Fèis ile, 역주: 아일라 위스키 축제)에서 멋들어진 쇼를 선보입니다. 지금까지 본 것 중 가장 멋진 장작 난로가 있는 셀프 케이터링 별관도 있는데, 난로가 어쩌나 눈앞에 아른거리던지 집에 가서 같은 녀석을 하나 장만했을 정도입니다.

하지만 저는 이들의 거짓된 '순박한' 톤 앤 매너, 특히나 인위적인 PR 이벤트와 세계 최대 명품회사 중 하나인 루이뷔통 모엣 헤네시가 소유하고 있으면서도 무자비한 대기업 사이에서 힘든 사투를 벌이고 있는 작은 소규모 업장인 것처럼 은연중에 암시하는 모양새가 마음에 들지 않습니다. 그렇지만 아드벡의 제품들이 몇몇 '초호화판'을 제외하면 꽤 좋은 가성비를 자랑한다는 것은 인정하고 넘어가야 합니다. 한정판 출시를 손에 넣으려면 잽싸게 움직여야 하지만요.

간추리자면 아드벡팀의 업무능력이 출중하고, 이곳이 피트향을 좋아하는 사람들에게 사랑받는 위스키를 만들어 낸다는 것에는 의심의 여지가 없습니다. 이곳에서 나오는 제품은 과장을 좀 보태서 다른 아일라 위스키들이 벤치마킹해야 할 아일라 위스키의 표본 같은 제품이기에 다른 많은 단점은 눈감아주었습니다.

그 표본이 되는 제품은 하드코어 스모크향과 피트향 애호가들이 극찬하는 '엔트리 레벨'의 10년 숙성 익스프레션입니다. 아드벡의 증류기는 상대적으로 높다란 외형을 자랑할 뿐만 아니라 맨 위에는 난생처음 보는 정화기가 달려있어 다른 업장들의 설비와는 확연한 차이를 보이는데, 이 두 조합이 강렬한 피트향을 섬세한 고급스러움으로 승화시킬 수 있는 비결입니다. 이 위스키는 복합적인 향들을 정교하게 내포하고 있고, 좋아하든 싫어하든 실온에서 활짝 만개한 이 위스키의 미세한 뉘앙스들을 한 번쯤은 탐구해 볼 수밖에 없을 것입니다.

만약 이곳을 방문하기로 마음먹었다면 꼭 올드 킬른 카페(Old Kiln Cafe)에 들러보십시오. 술이 아니더라도 이곳의 맛있는 음식은 그 자체만으로도 방문할 가치가 있습니다.

시음	색상	후각
노트	미각	여운

6

생산자	아일 오브 아란 증류소
	(Isle of Arran Distillers Ltd)
증류소	아일 오브 아란, 로크란자, 아란섬
방문자센터	있음
구매처	다양한 구매처
웹사이트	www.arranwhisky.com
가격	☐☐

어디서	
언제	
총평	

Arran 아란

10년

헌팅캡을 눌러쓴 중년 남자가 위스키에 대해 지겹게 일장 연설을 늘어놓는 모습이 유쾌하지 않더라도(특히 5분이면 끝낼 이야기를 장장 20여 분에 걸쳐 구구절절 늘어놓더라도) 조금만 더 인내심을 발휘해 주십시오. 물론 저는 위스키계의 살아있는 화석이라 할 수 있는 위스키 보티의 랄피를 이야기하는 것입니다(역주: 랄피는 유튜브와 개인 블로그에서 ralfydotcom이라는 이름으로 활동하는 유명한 위스키 논평가로 각종 위스키로 꾸며놓은 지하던전 같은 곳을 배경으로 촬영하므로 위스키 보티 혹은 위스키 셀터라고 표현한 것). 그의 동영상들은 장황하기 이를 데 없지만 본인만의 고유한 위스키에 대한 철학과 지혜를 담고 있으면서, 업계와 홍보담당자들에 대해서는 날카롭고 비판적 시각 또한 가지고 있기에 저는 랄피의 견해를 상당히 신뢰하는 편입니다.

이번에 아일 오브 아란 증류소에 대해 다시 생각한 계기 또한 랄피였습니다. 실은 저는 오랜 친구이자 동료인 닐 윌슨(Neil Wilson)의 저서 '아란 몰트: 아일랜드 위스키의 르네상스(The Arran Malt: An Island Whisky Renaissance)'라는 훌륭한 책을 읽고 나서도 이 생산자의 행보에 별 흥미를 두지 않았음을 고백합니다. 오래전에 이미 저는 이 증류소를 신설해야만 하는 차별성이 없다고 진단했고, 이들이 성공하려면 엄청난 자금력과 막대한 인내심으로 밀어붙일 수밖에 없다고 판단했으며 이는 결국 사실로 밝혀졌습니다. 하지만 다행히도 돈과 시간이 여유로운 투자자가 찾아왔고 투자자의 불굴의 의지와 뚝심은 증류소에 큰 힘이 됐습니다.

하지만 저는 이들의 첫 출시작이 그냥저냥 평이하다는 생각이 들어서 그 후로는 아란에 관심을 끊었습니다. 명백한 저의 실수였습니다. 비교적 최근 두 번째 증류소를 짓고 있을 때쯤 저는 다시 이들을 방문했고, 이들의 괄목할 만한 성장에 깊은 인상을 받았습니다. 하지만 랄피의 장황한 리뷰 중 하나를 보고 나서야 저는 이 10년 숙성 버전의 싱글 몰트를 다시 한번 생각해 보게 된 것입니다.

저의 불찰입니다. 아란은 1995년 창립 이래로 참으로 먼 길을 걸어왔고 이들이 이뤄낸 품질과 가치에 경의를 표할 수 있게 되어 정말 기쁩니다. 불과 40파운드가 채 되지 않는 가격에 저온 여과되지 않은 자연 발색의 46% 알코올 도수의 술 한 모금이라니. 이곳보다 훨씬 더 유서 깊은 증류소들의 기준으로도 자부심을 가질 수밖에 없는 업적입니다. 스코틀랜드 서부식 표현을 빌리자면 '젖꼭지처럼 달콤한(a nippie sweetie)' 놓칠 수 없는 술입니다.

그리고 만약 저녁 시간대에 여유시간이 있다면 랄피의 위스키 보티(Whisky Bothy, 역주: 랄피의 개인 채널)에도 한번 들러보시는 걸 추천해 드립니다. 독특한 경험이 될 것임이 틀림없습니다.

시음 노트	색상	후각
	미각	여운

27

7

생산자	모리슨 보모어 디스틸러스(Morrison Bowmore Distillers), 빔 산토리(Beam Suntory)
증류소 방문자센터	오켄토션, 달무어, 노스 글래스고 있음
구매처	다양한 구매처
웹사이트	www.auchentoshan.com
가격	☐

어디서	
언제	
총평	

Auchentoshan 오켄토션

아메리칸 오크(American Oak)

이 어여쁜 녀석의 가격대가 내린 것 같습니다. "퍽이나"라고 여러분이 외치는 소리가 들리는 듯하지만 조금만 발품 팔아보면 25파운드를 내고도 거스름돈이 조금 남을 것입니다. 그리고 이것은 돌코롬한 산딸기를 한입 가득 베어문 것 같은 느낌입니다.

저는 적어도 이 리스트에 아주 전통적인 로우랜드 스타일의 증류 방식을 사용하는 증류소를 딱한 곳 정도는 포함해야겠다고 마음먹고 있었습니다(전통 증류 방식이란 전통적인 아이리시 위스키처럼 삼중 증류를 했단 뜻입니다). 하지만 이 선별 작업이 그리 고된 작업만은 아니었다는 점을 미리 알려드립니다(물론 영국 특유의 겸양이 섞여 있다는 걸 감안하셔야 합니다).

그리고 이 원대한 계획을 완성하기 위해서 방문한 오켄토션은 소유주인 모리슨 보우어(Morrison Bowmore)가 말끔하게 관리하고 있기에 언제 방문해도 기분 좋은 곳입니다. 이 증류소는 1817년경에 황량한 전원에 건립되었는데, 당시에는 증류소의 주변으로 이제 막 다수의 주거지가 들어서고 있던 차였습니다. 오늘날 클라이드강을 가로지르는 웅장한 어스킨 대교 근방의 도심과 대조되는 증류소의 모습은 마치 혼자서만 시간을 회귀해 돌아간 듯 이질적인 모습을 연출하지만 말입니다. 이곳의 소유주는 여기에 훌륭한 방문자센터를 설립했을 뿐만 아니라 비즈니스를 위한 콘퍼런스 시설을 함께 제공함으로써 수익을 창출했습니다.

최근 몇 년 동안 훨씬 더 다양한 제품군의 위스키들이 출시되었고 한층 더 다채로운 익스프레션들이 제공되지만, 안타깝게도 21년 이상으로 숙성된 위스키는 아직 출시되지 않았습니다. 평균적으로, 오켄토션은 부드럽고 섬세한 스타일이지만 잘만 만든다면 캐스크 피니시와도 놀랍도록 잘 어우러집니다. 어두운 톤의 쓰리 우드(Three Wood)와 스산한 이름의 블러드 오크(Blood Oak)는 셰리 캐스크의 가능성을 보여주는 좋은 예입니다.

오켄토션의 삼중 증류 공법은 80도가 넘는 부드럽고 깔끔한 스피릿을 만드는데, 팟 스틸 설비에서 나오는 것 치고는 이례적으로 높은 알코올 도수입니다.

이곳 위스키를 잘 모르신다면 엔트리 레벨인 아메리칸 오크 익스프레션부터 시작하시는 걸 추천해 드립니다. 비숙성에 부드럽고 크리미한 스타일이라 호불호 없이 좋아할 만한 녀석입니다. 이런 계열에 그다지 흥미가 없고 무거운 바디감을 선호한다 해도 걱정하지 마십시오. 녀석의 부드러운 스타일은 맛을 좌우하지 않으면서도 적당한 존재감을 뽐내기에 위스키 베이스 칵테일의 훌륭한 기주가 되기도 하기 때문입니다.

시음	색상	후각
노트	미각	여운

8

생산자	인버 하우스 디스틸러스 (Inver House Distillers Ltd)
증류소	발블레어, 에더튼, 로스샤이어
방문자센터	있음
구매처	주류 전문점
웹사이트	www.balblair.com
가격	

어디서

언제

총평

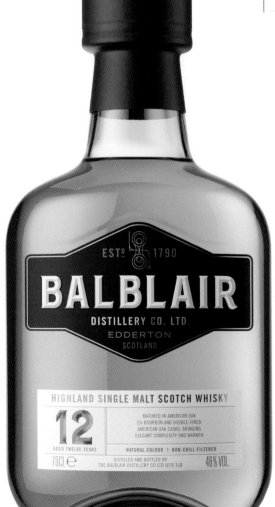

Balblair 발블레어

12년

발블레어가 마침내 생산 연도를 표기한 제품을 판매하는 것을 포기했습니다. 다른 위스키 생산자들과 마찬가지로 이들이 와인 업계에서 착안한 이 방식은 숙성 기간이 위스키 품질을 결정짓는 핵심적인 요소라고 수년간 믿어온 위스키 애호가들과는 도저히 맞지 않는다는 결론에 도달했습니다(물론, 이 이야기는 이것보다 훨씬 복잡한 요소들이 얽혀있지만, 지금은 이 문제를 파고들지 맙시다).

위스키 숙성 기간이 높은 가격에 대한 어느 정도 근거와 정당성을 제공한다는 것은 부정할 수 없고, 많은 사람이 숙성 기간이 길수록 맛과 품질이 향상된다고 믿게 되었습니다. 많은 사람이 그렇게 믿게 되면 그것이 '진실'이 되므로, 세일즈팀과 도소매업자들에게는 그게 속이 편할지도 모르겠습니다. 반대의견의 사람들은 우리가 테루아(terroir, 여기 또 와인 용어가 차용되었군요), 보리품종, 혹은 캐스크의 종류에 더 많은 주의를 기울여야 한다고 주장합니다. 돈을 지불하는 건 여러분이니 각자 원하시는 대로 믿으시면 됩니다.

지난 책에서 저는 "스피릿의 특성은 해마다 달라집니다… 발블레어가 자신들의 신념을 뚝심으로 밀고 나가 줘서 참 다행입니다. 우리에게 더 많은 선택지를 줄 뿐만 아니라 이들의 행보가 실적으로 이어지고 있으니 말입니다."라고 말한 바 있습니다. 제가 마지막 부분을 살짝 착각했나 봅니다. 왜냐하면 이 상대적으로 덜 알려진 로스샤이어 증류소는(이곳에서 약간 떨어진 곳에 훨씬 더 유명하고 멋들어진 글렌모랑 증류소가 있습니다) 이제 흔하디 흔한 라벨링인 12, 15, 18, 25년 숙성 버전을 그리고 여행상품 레인지로 만들어진 17년 숙성 익스프레션을 판매하고 있기 때문이죠.

스코틀랜드에서 오래된 증류소 중 하나이자 매우 전통적인 방식으로 운영되는 이 증류소는 에어드리에 본사를 둔 태국의 대기업인 인터베브(InterBev)의 자회사 중 하나인 인버 하우스 디스틸러스가 사들여 재탄생시킨 역작입니다. 만약 아직 이곳을 방문해 보지 못했다면 켄 로치(Ken Loach) 감독의 2012년 영화 더 앤젤스 셰어(The Angels' Share)를 보면 발블레어의 내부를 엿보실 수 있을 겁니다.

이전 개정판에서 저는 발블레어 2005년산을 추천해 드린 바 있는데요, 이 제품이 이제 단종된 관계로 맛있는 시트러스 향이 나는 리치하고 살짝 달콤한 12년 익스프레션부터 시작해야 할 것 같습니다.

시음	색상	후각
노트	미각	여운

9

생산자	발리키프 증류소
	(Ballykeefe Distillery Ltd)
증류소	발리키프, 커프스그렌지, 킬케니 카운티
방문자센터	있음
구매처	주류 전문점
웹사이트	www.ballykeefedistillery.ie
가격	▨▨▨

어디서	
언제	
총평	

Ballykeefe 발리키프

싱글 이스테이트(Single Estate)

발리키프의 유통업체가 알려주길, 제가 2022년 3월 레드버리에 있는 멋들어진 헤이 와인이라 불리는 와인샵에서 영국 최초의 발리키프 싱글 이스테이트(Single Estate)의 싱글 몰트 소비자 시음회를 진행한 적이 있다고 합니다. 만약 이 자그맣고 사랑스러운 헤리퍼드셔 마켓 타운에 들를 일이 있으시다면 이곳에서 엄선한 고급 와인과 스피릿을 맛보시는 걸 추천해 드립니다.

특히 이곳은 140에이커에 달하는 가족 농장에서 손수 파종, 재배, 수확한 보리로 삼중 증류 방식의 위스키를 만드는 가족 소유의 증류소입니다. 보리 낱알부터 마지막 공정까지 어느 하나 손수 손품 팔지 않은 것이 없는 25년 살아있는 역사의 현장이니 이곳의 방문객은 귀한 곳을 운 좋게 찾은 만큼 진귀하고 값진 경험을 하게 될 것입니다.

그뿐만 아니라, 모건과 앤 킹(Morgan & Anne Ging) 부부는 이 부지를 오랫동안 관리해 오면서 수준 높은 친환경적 생태계를 조성하기 위해 부단히 노력해 왔습니다. 이들 부부가 구축해 놓은 시스템은 이미 여러 차례 다수의 수상 경력과 보드 비아 '오리진 그린'(bord Bia 'Origin Green') 프로그램의 멤버십을 통해 인정받았는데, 이는 이들의 기업 정신과 비전을 구성하는 핵심 요소인 지속 가능한 환경 구축 및 환경 보호 측면에서의 노력을 높이 산 것입니다.

많은 신생기업들처럼 초기에는 진, 보드카, 포아친(poitín, 역주: 아일랜드 시골 농장에서 감자나 곡물을 이용해 소규모로 밀주되던 스피릿)을 생산했는데, 이 제품은 꾸준한 판매고를 유지하는 스테디셀러가 되었습니다. 반짝이는 새 이탈리안 증류기가 자랑스럽게 전시된 웹사이트에서 볼 수 있듯이, 이 부지는 상당한 자본을 들여 구색을 갖췄으며 킬케니 지방에서 200년 만에 허가받은 최초의 위스키 증류소이기도 합니다. 발리키프는 이제는 거의 사라져 버린 전통인 소규모 가족농장에서 생산되는 아일랜드 위스키의 명맥을 잇고 있습니다.

아일랜드에서 새로운 양조장들이 우후죽순 생겨나면서 위스키 산업이 폭발적으로 성장하고 있지만, 이렇게 전통과 지역사회에 기반해 뿌리내린 곳은 드뭅니다. 대부분 업계는 여전히 큰 규모의 공룡기업들이 좌우하고 있기에 발리키프는 더욱더 환영받아 마땅하고 이 리스트에서 한 자리 차지할 충분한 자격이 있습니다.

또한 이들은 현재 아일랜드에서 최초로 생산되는 100% 싱글 라이 위스키를 론칭할 예정입니다. 호밀은 증류하기 까다로운 곡물이지만 확실한 보상이 따르기 때문에 이 신생 업체가 상당한 야심가라는 것을 엿볼 수 있습니다.

시음	색상		후각	
노트	미각		여운	

10

생산자	윌리엄 그랜트 앤 선즈 디스틸러스(William Grant & Sons Distillers Ltd)
증류소	발베니, 더프타운, 벤프 샤이어
방문자센터	있음
구매처	주류 전문점
웹사이트	www.thebalvenie.com
가격	☐☐☐☐☐

어디서 ....

언제 ....

총평 ....

....

....

SINGLE MALT SCOTCH WHISKY

ESTᴰ 1892

Distilled at

THE BALVENIE®

Distillery, Banffshire

SCOTLAND

FINISHED IN PORTWOOD PORT CASKS

AGED **21** YEARS

In the making of The Balvenie PortWood, our Malt Master
carefully selects rare reserves of Balvenie and transfers them to
port casks for a further few months of maturation.

THE BALVENIE MALT MASTER

THE BALVENIE DISTILLERY COMPANY
BALVENIE MALTINGS, DUFFTOWN, BANFFSHIRE,
SCOTLAND AB55 4BB

700ml ℮   40% vol. 40%

The Balvenie 발베니

포트우드(PortWood), 21년

이 위스키가 이제는 한 병에 200파운드에 가까워지면서 저는 이 위스키를 포함해야 하는지 여부에 대해 심각하게 고민했습니다. 하지만 대부분의 21년 숙성 위스키의 가격이 오르기도 했고, 이 위스키를 75파운드 정도에 구입할 수 있었던 때를 생생히 기억하지만, 어쩔 도리가 없어 이 위스키를 고수하기로 했습니다.

생각해 보면, 이 위스키는 매일 마시는 용도는 아닐뿐더러(어쨌든 우리 집 기준으로는 말입니다.) 특별한 날을 위한 술도 필요한 법입니다. 이 술은 제가 가장 좋아하는 포트 캐스크 피니시의 아주 좋은 예시입니다. 그랜트의 마스터 블렌더인 데이비드 스튜어트(David Stewart) MBE가 만든 이 술은 따라 하기 힘들 정도로 잘 만들어진 술입니다. 저에게 이 술은 일평생을 업계에 종사하며 동종업계 종사자들에게도 존경의 대상인 스튜어트의 높은 명성을 증명하는 역작입니다.

현재 그는 '반쯤 은퇴'한 상태이며, 에든버러의 해리엇 와트 대학교(증류주계의 옥스브리지)에서 양조 및 증류학 석사 학위를 받은 후임자 캘시 매케이(Kelsey McKechnie)를 멘토링하는 중입니다. 1962년 8월, 데이비드가 창고 담당자로 지원했던 시절, 당시 면접관이 데이비드가 "최소 자격요건은 통과"라고 다소 심드렁하게 통보하면서 위스키업계에 발을 디뎠던 것과는 상당히 대조적입니다. 오늘날 그는 지금은 사라진 업계의 과거와 현재를 잇는 가교 구실을 하고 있습니다.

과거와 달라진 많은 변화 중 하나는 발베니 제품의 품질에 대한 자부심이 올라갔다는 것이며, 현재는 점점 더 다양한 레인지의 제품을 출시하고 있다는 것입니다. 스코틀랜드에서 자체 플로어 몰팅 기법을 사용하는 거의 마지막 업체인 발베니는 자매품인 그 유명한 글렌피딕(43번 참조)과 상대적으로 덜 알려진 키닌비(Kininvie)와도 흥미로운 대조를 이룹니다.

몇 년 전부터 세속적이라고 깎아내릴 수 있을 만큼 값비싸졌지만, 발베니 생산공정에 대한 훌륭한 통찰력을 보여주고 다양한 레인지의 빈티지 위스키들을 시음할 수 있는 투어가 제공되고 있는데, 이 포트우드의 높은 가격을 꽤 합리적이라 정당화할 수 있을 만큼 훌륭한 투어입니다.

발베니에 대해 더 알아가고 즐기고 싶다면 이 브랜드가 후원하는 단편 소설집인 퍼스윗(Pursuit)을 읽어보는 것을 추천합니다. 제가 쓴 책은 아니지만 신진작가를 후원해 주신 발베니에 감사드립니다. 다른 위스키 브랜드 여러분들, 보고 계십니까!

시음	색상	후각
노트	미각	여운

11

생산자	브라운-포먼 코퍼레이션(Brown-Forman Corporation)
증류소	벤리악, 엘긴, 모레이셔
방문자센터	있음
구매처	주류 전문점
웹사이트	www.benriachdistillery.com
가격	▢▮

어디서	
언제	
총평	

BENRIACH®

THE TWELVE

SPEYSIDE SINGLE MALT SCOTCH WHISKY

THREE CASK MATURED

Three cask maturation in sherry, bourbon and port wood for rich smoothness

12
YEARS OF AGE

layered with baked fruit maple honey sweetness and lingering oak spice

DISTILLED & BOTTLED IN SCOTLAND
THE BENRIACH DISTILLERY CO. LIMITED

MATURATION	SHERRY CASK	BOURBON CASK	PORT CASK		
NOSE	maple honey, cocoa, forest fruits			SMOKE LEVEL	nil
PALATE	maraschino cherry, baked orange, hazelnut, spiced mocha				

BENRIACH MASTER BLENDER · RACHEL BARRIE

Benriach 벤리악

더 트웰브(The Twelve)

벤리악(옛날식으로 표기하면 BenRiach)은 브라운-포먼에 매각되면서 자매 증류소인 글렌드로낙, 글렌글라사와 함께 (이 책에 종종 등장함) 업계 베테랑 빌리 워커(Billy Walker) 손에서 재탄생되었습니다. 브라운-포먼은 잭다니엘, 올드 포레스터, 우드포드 리저브를 만든 회사로, 2020년에 브랜드를 재출시할 당시 이름 중간에 눈엣가시 같던 이상한 대문자를 소문자로 바꾸고 괴상하게 라틴어로 표기된 타이틀을 영어로 바꿔버렸습니다. 이런 소소한 변화가 저를 얼마나 행복하게 만드는지 모릅니다.

하지만 그보다는 목 빠지게 기다려 왔던 방문자센터의 설립과 이미 맛있었던 위스키의 퀄리티가 더욱더 개선되었다는 소식이 더 기뻤습니다. 오늘날 선봉에 선 인물은 마스터 블렌더 레이첼 베리(Rachel Barrie)인데 그녀는 이미 훌륭했던 라인업을 더욱 직관적으로 이해하기 쉬운 새로운 레인지로 개편했습니다. 오리지널 텐부터 시작해서 인상적인 30년 숙성까지 다양한 숙성 연도의 새로운 제품군이 출시되었다고 합니다. 베리에 의하면 30년 숙성 버전은 '놀라울 정도로 강렬한 풍미와 빼어난 세련미'를 동시에 겸비했다고 하는데 600파운드가 넘어가는 가격 덕분에 그녀의 말을 곧이곧대로 믿어볼 수밖에 없을 것 같습니다. 몇몇 사람들은 그냥저냥 괜찮은 수준이라고만 평하기도 합니다만.

하지만 제가 소개드리는 이 12년 숙성 위스키는 요즘 기준으로 꽤 괜찮은 가격인 40파운드 정도면 구할 수 있습니다. 스모크향 마니아들을 위해 벤리악 증류소는 더 스모키 트웰브(The smoky Twelve)도 내놓았는데 이는 다양한 레인지와 스타일의 위스키를 출시하던 이곳 증류소의 전통을 계승한 것이라고 합니다.

두 가지 스타일 모두 훌륭합니다. 제 개인적인 선택인 '스탠더드' 버전인 트웰브(The Twelve)는 셰리, 버번, 그리고 포트 캐스크에서 숙성되어 와인 특유의 단향을 듬뿍 느낄 수 있습니다. 이에 반해 스모키 버전은 포트 캐스크를 마르살라(Marsala) 캐스크로 대체했으며 이탄(Peat) 건조맥아를 일정 비율 첨가하여 스모크향과 엠버(ember)향을 더욱 강조했습니다. 만약 주머니 사정이 좋지 않다면 두 버전 모두 10년 숙성 버전으로 대체하여도 만족감을 느끼실 것 같습니다만, 좀 더 오래 숙성된 버전을 구매해서 더욱 강렬한 풍미와 성숙미를 즐길 충분한 가치가 있다고 생각합니다. 여러분은 누릴 자격이 있습니다!

벤리악은 앞으로 더 유명해지길 바라는 저평가된 증류소지만, 만약 그렇게 된다면 가격은 치솟을 겁니다. 그러니 지금의 기회를 놓치지 마시고 충분히 즐기시기 바랍니다.

시음 노트	색상	후각
	미각	여운

12

생산자	고든 앤 맥페일(Gordon & MacPhail), 스페이몰트 위스키 디스트리뷰터 (Speymalt Whisky Distributors Ltd)
증류소	벤로막, 포레스, 모레이셔
방문자센터	있음
구매처	주류 전문점
웹사이트	www.benromach.com
가격	■ ■ ■

어디서	
언제	
총평	

Benromach 벤로막

15년

101가지 위스키라는 제목의 책을 집필하면서 고든 앤 맥페일(Gordon&MacPhail)을 언급하지 않는 것은 얼토당토않습니다. 이들의 명성에 대해 잘 모르시는 독자분들을 위해 언급하자면, 이들은 블렌디드 위스키가 추앙받던 1960년대와 70년대 유수의 증류소들과는 다른 길을 가던 싱글몰트 위스키의 가치를 잇는 인디펜던트 보틀러이자, 유통업체이자, 판매업체입니다. 이 사실만으로도 그리고 (마니아들에게는 순례지로 손꼽히는) 엘긴에 위치한 매장만으로도 명예의 전당에 이름이 길이 새겨질 만합니다. 위스키 천국이 존재하면 아마 이들의 엘긴 매장과 같을지도 모르겠습니다.

하지만 이후 프리미엄, 럭셔리 열풍에 심각하게 물들어서 초장기 숙성 빈티지 몰트 원액을 점점 더 높은 가격에 출시하고 있습니다(예: 1940년산 글렌리벳 제너레이션을 14만 파운드로 책정). 하지만 벤로막을 재출시해 줬기 때문에 이 부분은 용서해 주도록 합시다.

이 매력적인 작은 증류소는 1983년 유나이티드 디스틸러스에 의해 흑자전환을 맞이했으나 10년 후, 고든 앤 맥페일에 인수되어 1998년 창립 100주년을 맞아 대대적인 개조 및 보수공사를 거쳐 재개장했습니다. 스페이사이드에 위치한 작은 증류소 중 하나인데 굉장히 전통적인 생산방식을 고수하고 새 배럴만을 사용하며 생산공정 전반에 걸쳐 '수작업'을 강조합니다.

이 증류소의 경우 거의 25년간 운영해 온 만큼 다양한 레인지의 G&M 위스키들을 판매하고 있습니다. 물론 그 이전 빈티지 보틀들도 있기는 하지만 네 자리 숫자 가격표를 달고 있습니다. 만약 유기농 생산방식에 관심이 있다면 유기농 인증을 받은 이들의 콘트라스트 제품군을 선택하면 되지만, 개인적으론 증류주 특성상 별반 맛의 차이는 느끼지 못했습니다.

엔트리 레벨인 10년 숙성 버전은 엄청난 가성비를 자랑하고, 약 네 배 가량의 돈을 주면 21년 숙성 버전도 구매할 수 있습니다. 하지만 저는 그 중간 정도 레인지인 강렬하면서도 제법 섬세한 15년 숙성을 선택하겠습니다. 긴 숙성 기간은 단향과 과실향을 배가시키고 스모키향은 희석했습니다. 맛 자체는 클래식합니다.

시음	색상		후각	
노트	미각		여운	39

13

생산자	빔버 디스틸러리
	(The Bimber Distillery Co. Ltd)
증류소	빔버, 파크 로열, 런던
방문자센터	있음
구매처	주류 전문점
웹사이트	www.bimberdistillery.co.uk
가격	■■■■

어디서	
언제	
총평	

Bimber 빔버

올로로소 캐스크(Oloroso Cask)

현재 크래프트 증류 분야에서 가장 화젯거리인 이름 중 하나인 빔버는 '런던에서 핸드크래프트 방식으로 열정을 담아 만드는 월드 클래스 싱글 몰트 위스키'를 만들겠다는 이들의 야망을 잘 표현하고 있습니다. 이 트렌디한 키워드들만 집어넣은 이들의 주장은 약간 의심스럽기도 한데, 그도 그럴 것이 이 증류소는 공업단지에 자리 잡고 있는 데다 특히나 악명 높은 웜우드 스크럽스 교도소 바로 옆에 자리 잡고 있기 때문입니다. '핸드크래프트' 또는 '열정'이라는 단어는 기합이 잔뜩 들어간 신규 위스키 업장들이 자주 쓰는 어투로 과대포장이기 일쑤이며, 상당수 기존의 유명하고 점잖은 위스키 업장들도 하고자 한다면 똑같은 주장을 펼 수 있겠지만 노골적인 PR이 낯부끄러워 겸양의 의미로 지양합니다.

하지만 이것저것 문의해 본 결과, 빔버는 영국의 가장 오래된 맥아 제조 업장에서 맞춤으로 플로어 몰팅을 하고, 원목 발효통을 사용하며, 현장에 상시 대기하고 있는 위스키 배럴 제작 장인들이 있고, 직화식 증류기를 사용하며(좋은 징후입니다), 이름 있는 단일농장에서 이들의 요구사항에 맞춰 특수재배한 보리를 들여옵니다. 그뿐만 아니라 빔버 증류소에서 강조하는 몇몇 디테일에서 이들의 깐깐함을 엿볼 수 있기에 짐짓 과장돼 보이던 이들의 공약에 조금 더 신뢰가 갔습니다. 예를 들어 이들은 엄청나게 긴 발효 과정을 선호하고, 발효통을 직접 제작하며, 미리 토스트 해놓은 오크 나뭇조각을 추가하기도 하며, 더 가볍고 과실향의 풍미를 살리기 위해 증류기를 재설계하기도 했습니다.

이들은 캐스크 셀렉션 과정에도 굉장히 집요한데, 미국산 버진 오크로 만든 버번 통과 헤레스 지역의 솔레라에서 직접 공수해 온 세리 우드, 루비 포트 캐스크와 피트향이 굉장히 강한 아일라 쿼터 캐스크를 사용합니다. 당연하게도 보틀링은 증류소에서 직접 진행합니다.

가장 최근에 이들은 런던교통공사와 제휴하여 자체 웹사이트를 통해 스피릿 오브 더 언더그라운드 컬렉션(Spirit of the Underground Collection)을 선보였으며, 아포지(Apogee) XII를 출시하면서 제삼자 보틀링에도 뛰어들었습니다. 이 제품은 이름 없는 스코틀랜드 양조장에서 생산된 블렌디드 몰트를 빔버 캐스크에서 추가 숙성시킨 제품입니다. 블랙베리향이 첨가된 보드카도 눈에 밟혔던 것 같지만 이만 줄이고 다시 본론으로 돌아오자면, 가끔 소량으로 출시되는 이들의 멋진 올로로소 캐스크부터 시작해 보시는 걸 추천해 드립니다. 만약 한 병 발견한다면 재빨리 손아귀에 넣어두는 것이 상책입니다!

시음 노트	색상	후각
	미각	여운

14

생산자	블라드녹 디스틸러리(Bladnoch Distillery Pty Ltd)
증류소	블라드녹, 덤프리스&갤러웨이
방문자센터	있음
구매처	주류 전문점
웹사이트	www.bladnoch.com
가격	▦ ▦ ▦

어디서	
언제	
총평	

EST. 1817
BLADNOCH®
LOWLAND SINGLE MALT
SCOTCH WHISKY

VINAYA

NON-CHILL FILTERED
SHERRY AND BOURBON
CASK MATURED

700ML
CLASSIC COLLECTION
ALC 46.7% VOL

Bladnoch 블라드녹

비나야(Vinaya)

1993년 당시 아일랜드의 건축업자 레이먼드 암스트롱(Raymond Armstrong)이 (동생 콜린과 함께) 버려질 위기에서 구해낸 블라드녹은 세 가지 문제에 직면해 있었습니다. 첫째, 건물의 상태가 처참했습니다. 둘째, 아무도 로우랜드 위스키에 관심이 없었습니다. 마지막으로 전 소유주가 위스키 생산량을 제한하는 조항을 매매 계약에 넣어놓았습니다.

암스트롱 형제가 단순히 부동산 투기를 위해 이 부지를 사들였다는 소문이 끊이지 않았지만, 형제는 소문에 맞서 싸웠습니다. 블라드녹은 아름다운 전원의 한적한 작은 귀퉁이에 자리 잡고 있었기 때문에 개발은 전혀 동떨어진 이야기처럼 보였습니다. 하지만 레이먼드는 위스키에 흠뻑 빠져들어 증류소를 계속 운영할 수 있도록 할 수 있는 모든 노력을 다했습니다.

그러나 이 부지를 계속 운영하려면 훨씬 더 많은 자금이 필요하다는 것이 점점 더 명확해져 갔습니다. 2015년 마침내 호주의 요구르트 거물인 데이비드 프라이어(David Prior)가 회사를 인수하고 증류소를 대대적으로 개조하기 시작했습니다. 그리고 그는 실력 있는 경영진, 그중에서도 특히 번 스튜어트에서 이안 맥밀런(Ian MacMillan)을 데려왔는데 그는 2년에 걸친 개보수와 새로운 공장 설립을 감독했습니다. 5백만 파운드 이상이 투자되었고, 방문자센터가 건립되었으며, 기존 재고를 바탕으로 완전히 새로워진 위스키 제품군이 새로 출시되었습니다.

맥밀런은 후에 본인의 자문업체를 설립하며 사임하고 그 후임은 닉 새비지 박사(Dr Nick Savage)가 맡게 되는데, 그는 맥켈란에서 마스터 디스틸러직을 맡은 이력이 있었습니다. 그의 이직은 많은 업계 사람들을 놀라게 했지만, 품질을 타협하지 않는 진정한 크래프트 사업장을 맡아본다는 도전이 그에게는 거부할 수 없는 유혹이었던 것 같습니다.

(새비지가 역사 고증에 충실하면서도 탄력적 대응이 가능한 증류소의 놀라운 자산이라고 표현하는) 맥밀런의 설비를 기반으로 블라드녹은 셰리의 유형인 페드로 히메네즈와 올로로소, 포트 파이프, 뉴 오크, 구 버번 배럴 등 다양한 유형의 캐스크 타입을 준비하고 있는데 이들 중 95%는 한 번도 사용되지 않은 새 캐스크이며, 모든 캐스크는 두 번 이상 사용되지 않습니다. 기대되어 마지않는 비나야부터 시작해 점점 더 상위 익스프레션을 맛보시는 걸 추천해 드립니다.

시음	색상		후각	
노트	미각		여운	

15

생산자	블레이즈 스피릿
	(Blaze Spirits)
증류소	해당 없음 - 블렌디드 위스키
방문자센터	없음
구매처	온라인
웹사이트	www.blazespirits.co.uk
가격	▢▮

어디서 ....

언제 ....

총평 ....

....

....

700ml // 40% Vol.

BLAZE

BLENDED MALT SCOTCH WHISKY

SCOTCH
WHISKY

Blaze 블레이즈

스카치위스키(Scotch Whisky)

일반적으로 스카치위스키 업계를 향한 비판은 젊은 층을 대상으로 한 마케팅에 소홀하고, 관련 용어들이나 주요 타깃층 자체부터가 젊은이들의 진입을 주눅 들고 헷갈리게 하고 당혹스럽게 한다는 것입니다. 저는 젊지 않기 때문에 여기에 대해 가타부타 언급할 수 없지만, 책임감 있는 마케팅업자들이 합법적인 음주 연령 미만에게 노골적인 주류 홍보를 금지하는 업계 관행을 준수하는데 주의를 기울이고 있다는 건 알고 있습니다. 그리고 그건 옳은 결정이기도 합니다. 생각해 보십시오, 왜 애송이 녀석들이 인생을 즐길 수 있도록 도와야 한다는 겁니까?

하지만 규범을 준수하는데 너무 열심히였기 때문에 합법적인 음주 연령이 된 젊은 고객층이 소외당했다고 충분히 느꼈을 수 있다고 봅니다. 소셜 미디어 사이트인 틱톡과 아마존을 통해 18~25세 고객을 타깃으로 블레이즈 스카치위스키를 출시한 19세(집필 시점 기준)의 에든버러 출신 사업가 디아메이드 멕캔(Diarmaid McCann)은 이러한 견해를 분명히 밝히고 있습니다. 그는 '젊은 사람들은 필요한 대부분의 물품을 온라인에서 구매하는데, 왜 증류주는 안 팔까?'라는 생각으로 블레이즈를 여러 다른 음료와 믹싱해서 마시기 쉬운 블렌디드 몰트로 출시했다고 합니다. 디아메이드는 틱톡에서 자사의 위스키를 아이언브루(Irn Bru, 역주: 스코틀랜드 탄산음료)와 섞어 마시는 영상을 올리기도 했는데 이는 위스키 전통주의자들이 보면 기절초풍할 일이 분명합니다(물론 일부러 그걸 노리고 찍은 영상입니다만).

초기 250병의 판매로 용기를 얻은 그는 급기야 에든버러 대학을 중퇴하고 현재는 브랜드 홍보를 위해 풀타임으로 일하며 소비자 개개인에게 친근감 있게 다가가려 익살스러운 동영상을 줄기차게 틱톡에 올리고 있습니다. 블레이즈는 한 독립 양조장의 지원을 받고 있는데(저는 어떤 업장인지 밝히지 않겠다고 약속했기에 더 이상 말씀드리진 않겠지만 만약 궁금하시다면 조금만 검색해 보시면 찾으실 수 있을 겁니다) 이 양조장은 '스피릿 업계의 거인들에게 대항하고', '허례허식이나 전통주의에 얽매이지 않고 각종 증류주의 잠재력을 최대한 끌어낼 수 있는 장소가 되어 차세대 위스키 애호가뿐만 아니라 진, 보드카 럼, 애호가들의 마음 안식처'가 되고자 합니다.

확실히 신선하고, 독특하면서도 불경하기까지 한 포부입니다. 게다가 (어느 기준으로 보더라도 간신히 관짝 신세를 면한 옛 시대의 유물인) 이 늙은이의 기준으로 보더라도 이 술, 맛이 꽤 좋습니다. 젊은 디아메이드의 앞날에 영광이 있기를 바랍니다.

시음	색상	후각
노트	미각	여운

16

생산자	아이리시 디스틸러스(Irish Distillers Ltd), 페르노리카(Pernod Ricard)
증류소	미들턴, 카운티 코르크
방문자센터	있음
구매처	주류 전문점
웹사이트	www.spotwhiskey.com
가격	▢▢▢▢

어디서	
언제	
총평	

BLUE SPOT

Single *Pot Still* Irish Whiskey

AGED **7** YEARS

·CASK STRENGTH·

NON CHILL FILTERED

MATURED FOR NOT LESS THAN SEVEN YEARS IN
BOURBON BARRELS, SHERRY BUTTS AND MADEIRA CASKS.
Triple distilled, matured and bottled for

MITCHELL & SON Est.ª 1805

FINE WINES & SPIRITS, DUBLIN

750ml   PRODUCT OF IRELAND   58.7% alc/vol (117.4 Proof)

Blue Spot 블루스팟

7년

좋은 소식과 나쁜 소식이 있습니다. 몇몇 글쟁이들과 마찬가지로 저 또한 그린스팟(Green Spot) 에 대해 근 십 년 동안 마르고 닳도록 언급해 온 바 있습니다. 운 좋게도 살아남은 이 아이리시 팟 스틸 스타일의 위스키가 다시 돌아왔고(아마 회계사들에게 결정권이 있었다면 오래전에 단종되었 을 것입니다) 앞으로도 계속될 것이라는 사실을 알려드릴 수 있게 되어 매우 기쁩니다.

전통적으로 아일랜드 소매업자들은 현지 증류소에서 구입한 위스키들을 섞어 자신들만의 독특 한 블렌드를 만들어 팔았습니다. 하지만 아일랜드의 산업이 경영체질개선의 급류에 휩쓸림에 따라 (더 자세히는 증도산함에 따라) 이러한 독특한 위스키 산업은 비극적으로 사라졌습니다. 결국 더블린에서 오랜 전통을 자랑하는 와인 및 증류주 판매점인 미첼스(Mitchell's)만이 그린스팟의 명맥을 이어갔지만, 극작가 사무엘 베켓(Samuel Beckett)을 비롯한 일부 선구자들을 제외하고는 그린스팟을 거들떠보지 않는 사람들이 대부분이었습니다. 최근까지도 거의 수요가 없었기에 안락사 직전까지 간 참이었습니다(베켓은 그런 면에서 남달랐습니다. 생각해 보면 그와 위스키는 꽤 잘 어울리는 구석이 있습니다).

미첼스는 이 스타일의 블렌드를 만드는 유일한 업체였습니다. 하지만 아이리시 위스키가 다시 반가운 회복세를 보이기 시작했고, 페르노 아이리시 디스틸러스의 마케팅 천재들이 마침내 오 랫동안 잠들어 있던 이 보석을 알아보았습니다. 그린스팟이 재출시된 지 어언 10년이 지난 현 시점, 레드브레스트와 미들턴에서 출시한 팟 스타일 익스프레션들과 그린스팟 와인 피니시인 옐로스팟(맛 좋은 12년 숙성 버전)과 레드스팟(15년 숙성 버전)이 추가되었습니다. 그리고 더 좋은 소식은 공급량이 증가했고, 이들을 더 구하기 쉬워졌으며, 몇몇은 가격이 약간 내려가기까지 했 단 것입니다.

그리고 이제 56년 만에 블루스팟이 오리지널 라인업을 완성하기 위해 돌아왔습니다. 이제 원년 구성원들이 모두 돌아왔습니다! 버번, 셰리 마데이라 캐스크의 조합으로 만든 삼중 증류 7년 숙 성의 싱글 팟 스틸 아이리시 위스키로, 캐스크 스트렝스(58.7%) 그대로 보틀에 담았습니다. 이 위스키는 위스키 계의 록스타입니다.

우리는 블루스팟을 기다려 왔고 이제는 행복한 날들만 남았습니다. 사실은 나쁜 소식이란 없었 습니다.

시음	색상		후각	
노트	미각		여운	

17

생산자	모리슨 보모어 디스틸러스(Morrison Bowmore Distillers), 빔 산토리(Beam Suntory)
증류소	보모어, 아일라
방문자센터	있음
구매처	다양한 구매처
웹사이트	www.bowmore.com
가격	

어디서	
언제	
총평	

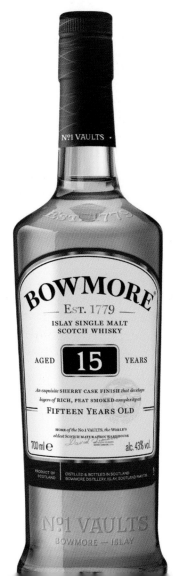

BOWMORE®

Est. 1779

ISLAY SINGLE MALT
SCOTCH WHISKY

AGED **15** YEARS

An exquisite SHERRY CASK FINISH *that develops*
layers of RICH, PEAT SMOKED *complexity at*

FIFTEEN YEARS OLD

HOME *of the* No.1 VAULTS, *the* WORLD'S
oldest SCOTCH MATURATION WAREHOUSE

700 ml   alc. 43% vol.

PRODUCT OF
SCOTLAND

DISTILLED & BOTTLED IN SCOTLAND
BOWMORE DISTILLERY, ISLAY, SCOTLAND PA43 7JS

N°1 VAULTS
BOWMORE — ISLAY

Bowmore 보모어

15년

과거에만 해도 보모어는 아일랜드를 대표하는 위스키 증류소로, 자체적으로 플로어 몰팅을 하며 강렬한 스타일을 추구하는 이웃 증류소들과 비교해 피트를 적게 사용하기에 상대적으로 균형이 매우 잘 잡힌 위스키를 만들기로 유명한 증류소 중 하나였습니다.

보모어의 회귀하고 오래된 익스프레션들은 가장 가치 있는 위스키 소장품 중 하나이며, 위스키 경매에도 자주 올라옵니다. 실제로 1964 빈티지의 48년 숙성 보모어를 들고 어색한 미소를 짓고 있는 제 사진이 하나 있는데 이때 불과 몇 분 후 자선 경매에서 이 위스키가 61,000파운드에 팔렸습니다. 말 그대로 마시기 위해 출시되었던 제품이었으나 유행과 투자 열풍에 편승하기도 했고, 워낙 오래되다 보니 점점 가격이 높아진 것뿐이니 이 부분은 너그러운 마음으로 용서해 주십시오.

그러나 이후 이 증류소의 마케팅 담당자들은 호환마마보다 무서운 럭셔리 병에 걸려버리고 말아서 결국 보모어 DB5 1964를 출시하기에 이르는데, 이들은 뻔뻔하게도 유명한 애스턴 마틴 (Aston Martin) DB5의 피스톤으로 만든 특별한 디캔터에 담겨 출시되었으며, 보모어와 애스턴 마틴의 희소성을 본떠 '단' 27 보틀만 생산되었다고 말하는 지경에 이르렀습니다. 27 보틀이면 좀 희소성이 떨어지는 것 아닌가 개인적으로 생각됩니다만, 그런 우려와는 별개로 병당 50,000 파운드에 완판 됐을 뿐만 아니라 곧바로 옥션에서 90,000파운드에 팔리는 기염을 토합니다.

이들이 1964 빈티지를 사용한 이유는 그해에 증류소에 새 보일러가 설치됐다나 어쨌다나 하던데, 맹세하건대 절대로 제가 지어낸 이야기가 아닙니다. 실은 해당 빈티지에 숙성한 캐스크가 어디 구석에 한 통 박혀있었던 게 아닌가 싶기도 합니다만…

어쨌거나 그런 찜찜한 사건은 뒤로 하고, 만약 여러분이 이 매우 훌륭한 15년 보모어를 구할 수 있다면 그 어처구니없는 녀석의 0.0007% 정도의 가격에 구입할 수 있습니다(녀석의 가격에 두 손이 벌벌 떨리면 떨렸지 도통 마음이 동하지는 않습니다). 이 15년 숙성 버전은 음미할 만한 맛을 가짐과 동시에 훌륭했던 과거의 보모어를 연상시키는 녀석입니다.

가능하다면 증류소를 방문해 보시는 것도 추천드립니다. 투어는 꽤 괜찮은 편이며 방문자센터에서 인달만(Loch Indaal)의 멋진 전망을 즐길 수 있는데, 영혼까지 어루만져 주는 안락함을 주기 때문에 극심한 스트레스에 시달리는 비밀요원의 마음까지도 진정시킬 수 있을 정도입니다.

시음	색상	후각	
노트	미각	여운	

18

생산자　브록라디 디스틸러리 컴퍼니(Bruichladdich Distillery Company), 레미 쿠엥트로(Remy Cointreau)

증류소　브록라디, 아일라
방문자센터　있음
구매처　다양한 구매처
웹사이트　www.bruichladdich.com
가격　■■■

어디서 ....

언제 ....

총평 ....

....

....

Bruichladdich 브룩라디

더 클래식 라디(The Classic Laddie)

여러분이 선택한 한 잔의 술이 다이내믹 컴버스천 챔버(Dynamic Combustion Chamber, DCCTM)가 있는 증류소에서 만들었다는 사실을 알게 된다면 더 믿음이 가시겠습니까? 브룩라디 증류소가 석유 에너지에서 지속 가능한 수소 에너지원으로 전환함에 따라 265만 파운드의 최첨단 무공해 친환경 수소 보일러로 증류조를 가열합니다. 이는 꽤 선구적인 변화인데, 우리 모두가 탈탄소 생활을 실천해야 하는데 있어 반드시 도입해야 할 신기술이기 때문에 그렇습니다. DCCTM은 일산화탄소, 질소산화물, 황산화물 배출이 없으므로 굴뚝이나 기타 에너지소산 배기가스가 필요하지 않다는 점이 가장 흥미롭습니다. 유일한 부산물은 물뿐인데, 스코틀랜드 서부의 기준으로는 참신하기 그지없습니다.

이는 이 상징적인 아일라 증류소가 레미 쿠엥트로의 소유하에 어떻게 발전해 왔는지 보여주는 훌륭한 예입니다. 인수 당시 하드코어 팬들은 이 인수 건에 대해 개탄했지만 전혀 우려할 필요가 없었다는 것이 곧 밝혀졌습니다. 새로운 소유주들은 모범적인 행보를 보여줬고, 브룩라디는 점점 더 발전하고 있는 것처럼 보입니다. 몇몇 인사이동을 제외하고는 기존의 인사 또한 대부분이 그대로 유지되고 있습니다.

이 증류소가 항상 그래왔듯, 2011년에 증류된 단일농장에서 단일 수확한 스코틀랜드 최초의 바이오다이내믹 싱글 몰트를 포함해 당황스러울 정도로 다양한 익스프레션들을 제공합니다. 바이오다이내믹 싱글 몰트는 이 제품이 최초일지는 몰라도 최후는 아닐 것입니다(95번 참조). 어떤 제품이 됐든 어딘가에서부터는 시작해야 하므로 40파운드가 조금 넘는 클래식 라디를 추천하는데, 이 클래식 라디는 브룩라디 스타일과 철학에 대한 완벽한 입문서라 할 수 있습니다(이들의 술은 단순한 소모품이 아닌 라이프스타일입니다).

이들의 말을 인용하자면 "우리는 생산의 일관성이나 획일성에는 관심이 없으며, 대신 매해 보리의 품종과 풍토가 우리의 스피릿에 영향을 준다는 것을 이해하며 다양한 레인지의 캐스크들을 확보하여 다양한 풍미를 발전시키기 위해 끊임없이 노력합니다. 각각의 배치는 자연적으로 독특하고 미묘한 차이가 생기게 되는데… 클래식하고 풍부한 꽃향기가 나며 우아한 브룩라디 스타일을 피워내기 위해 최고의 스피릿만을 블렌딩 했습니다."

어느 모로 보나 참으로 역동적인 스타일입니다.

시음	색상	후각
노트	미각	여운

19

생산자	더 세제락 컴퍼니 (The Sazerac Company)
증류소	버팔로 트레이스, 프랭클린 카운티, 켄터키
방문자센터	있음
구매처	다양한 구매처
웹사이트	www.buffalotracedistillery.com
가격	☐☐

어디서	
언제	
총평	

BUFFALO TRACE

KENTUCKY
STRAIGHT BOURBON
WHISKEY

Buffalo Trace 버팔로 트레이스

켄터키 스트레이트 버번(Kentucky Straight Bourbon)

절대 이 책에서 빠뜨릴 수 없는 위스키도 존재하는 법입니다. 바로 이 녀석입니다.

켄터키 스트레이트 버번을 만드는 빛나는 수상 경력을 가진 군계일학의 증류소인 버팔로 트레이스 증류소는 1857년에 설립했으며, 이 지역은 그보다 70년 전부터 증류 문화가 존재하던 유서 깊은 지역입니다. 버팔로 트레이스는 1984년 블랜튼(Blanton's)을 출시하며 싱글 배럴 버번을 최초로 생산한 증류소로 유명합니다.

버팔로 트레이스와 블랜튼뿐만 아니라 이글 레어, 에인션트 에이지, W.L. 웰러 등 다양한 브랜드가 이곳에서 생산됩니다. 하지만 1999년에 처음 론칭한 이 증류소의 자체 생산 레이블은 시작부터 환대와 찬사를 받았습니다. 오늘날 이들의 웹사이트는 더 이상 수상 횟수를 자랑하지도 않고 단지 쟁취한 상의 리스트를 제공할 뿐인데 이 리스트는 끝나지 않는 어마어마한 길이를 자랑합니다. 벌써 감탄하시는 건 아니겠죠? 위스키가 소규모 대회에서 한두 개의 작은 상을 받거나 좀 더 큰 대회에서 동메달이나 은메달을 획득하는 것은 드문 일이 아니지만, 해마다 최고라고 거론되는 대회들에서 지속해서 가장 높은 상을 받는 위스키는 거의 드뭅니다.

게다가 더욱 놀라운 것은 25파운드가 조금 넘는 가격에 판매되는 제품으로 이러한 성과를 거두는 경우는 더욱 적다는 것입니다.

이 증류소는 자사의 발효창고가 최고의 스피릿을 생산한다고 믿고 있으며, 그중 소량의 최고 배치들만 엄선하여 버팔로 트레이스를 만듭니다. 엄선된 배치들은 패널들에 의해 맛 선별검사를 거치며, 그렇게 해서 선발된 25개의 배럴들을 블렌딩 해서 보틀링 합니다.

또한, 하드코어 버번 애호가들을 위해 이 증류소는 익스페리멘탈 컬렉션(Experimental Collection)과 싱글 오크 프로젝트(Single Oak Project)도 제공합니다. 이들은 20여 년 전부터 다양한 레시피와 배럴 후처리를 통해 익스페리멘탈 출시 작업을 시작했으며, 현재 이들의 창고에는 30,000개 이상의 익스페리멘탈 위스키 배럴이 숙성되고 있습니다. 싱글 오크 프로젝트는 96개의 엄선된 아메리칸 오크로 만든 192개의 배럴에서 숙성한 1,396가지 맛의 조합을 제공합니다. 정말이지 이 분야에 모든 걸 바친 사람의 집념이라고밖에는 표현할 수 없겠습니다.

하지만 일상적인 음용을 위한 버팔로 트레이스는 영국 전역에서 쉽게 구할 수 있으며, 괜찮은 바나 개인 주류 판매점에도 두루 분포되어 있기에 안성맞춤입니다. 버번을 처음 접하는 사람에게는 완벽한 입문용이며, 이후에는 오히려 다른 더 고가의 브랜드들에 실망하게 될 것입니다.

시음	색상	후각
노트	미각	여운

20

생산자	디아지오 (Diageo)
증류소	쿨일라, 아일라
방문자센터	있음
구매처	주류 전문점
웹사이트	www.malts.com
가격	■ ■ ■

어디서	
언제	
총평	

Caol Ila 쿨일라

12년

한 번 맛보면 절대 잊을 수 없는 남들에게 잘 알려지지 않은 비밀스러운 위스키를 추천할 수 있다는 것은 정말 멋진 일입니다. 쿨일라('쿠울 일라'라고 발음)는 스코틀랜드의 모든 증류소 중에서 가장 드라마틱한 장소에 있는 증류소 중 하나임에 틀림없습니다. 포트 아스카익 외곽의 가파른 도로 끝자락에 위치한 이곳은 주라(Jura) 섬 맞은편 사운드 오브 아일라에 위치해 있습니다. 증류소에서는 주라의 경이로운 지형과 그 유명한 팹스 산은 물론이고 빠르게 흐르는 조류를 감상하며 물개, 수달, 그리고 온갖 종류의 흥미로운 바다새를 볼 수 있습니다.

고고학계에 따르면 이곳에 사람들이 수천 년 동안 거주했다는 사실이 밝혀졌으며, 실제로 12,000년 된 부싯돌 화살촉이 근처에서 발견되기도 했습니다. 우리는 위스키 역사가 오래되었다고 생각하지만, 알프레드 버나드(Alfred Barnard, 역주: 1866-7년 사이 영국에 있든 모든 위스키 증류소를 방문한 저널리스트)가 이곳을 방문해 노동자들의 건강한 라이프스타일이 부럽다고 말하기 훨씬 전부터 이곳의 역사는 시작되었던 것입니다. 물론 약간의 과장은 감안하고 걸러 들으십시오.

과거에는 쿨일라 연간 생산량의 기의 전부가 블렌딩 되어 판매되어야만 했는데, 아마 이 때문에 이 위스키가 아일라 위스키계의 숨겨진 공신 취급을 받는 것일 겁니다. 하지만 디아지오는 최근 몇 년 동안 이를 완화하려 증류소를 확장했고, 조니 워커(Johnnie Walker) 블렌드에 쿨일라가 중점적인 역할을 수행하고 있다는 것을 알리기 위해 급기야는 포 코너스 오브 스코틀랜드 컬렉션의 네 번째 증류소로 선정했습니다. 이러한 위상에 걸맞게 새로운 방문자센터가 개장했고, 방문객이 늘어나면 더 많은 종류의 싱글 몰트 익스프레션들이 생겨날 것입니다.

하지만 그보다는 이 클래식한 12년 숙성 보틀부터 시작해 보시는 건 어떻습니까? 아마도 최고의 밸런스를 자랑하는 이 제품은 대부분의 아일랜드 싱글 몰트 위스키와 마찬가지로 스모크향을 좋아하는 위스키 애호가들을 위한 클래식한 제품입니다. 더 잘 알려진 라가불린, 라프로익, 아드벡과 마찬가지로 강인한 피트향이 가득한 괴물이지만 일부 애호가들은 그 안에서 온순한 단향을 발견하기도 합니다.

피트향이 첨가되지 않은 몇몇 다른 익스프레션들이 있긴 합니다만(아마도 블렌딩한 사람이 원했기 때문이겠지만), 저는 이 제품으로 시작해 보시는 것을 추천드립니다. 만약 주머니 사정이 좋지 않다면 딱 알맞은 200ml짜리 보틀도 있습니다. 그도 아니라면 더 가벼운 맛의 모치(Moch)가 있고, 더 중후함을 원한다면 18년 혹은 25년짜리 보틀도 있습니다.

시음	색상		후각	
노트	미각		여운	

21

생산자   빔 산토리
              (Beam Suntory)
증류소   치타, 아이치현
방문자센터   산토리 야마자키센터와 하쿠슈 증류소센터
구매처   주류 전문점
웹사이트   www.whisky.suntory.com
가격

어디서

언제

총평

The Chita 더 치타

싱글그레인(Single Grain)

대출을 새로 당기지 않고도 제대로 된 일본 위스키를 맛볼 방법이 뭔지 아십니까? 이 위스키가 해답이 될 수 있습니다. 그레인 위스키입니다만 충분히 심사숙고해 볼 가치가 있으니, 페이지를 넘기지 마십시오. 한 유명한 온라인 주류 판매업체는 '여름철에 마시기 좋은 위스키'라고 소개하고 있지만 저는 일 년 중 어떤 때라도 마시기 좋은 위스키라고 추천하고 싶습니다.

치타는 산토리의 그레인 위스키 증류소이며 이 제품 같은 경우에는 출시 당시에 꽤 애를 먹었는데, 그도 그럴 것이 각각 2, 3, 4개의 칼럼을 거쳐 증류한 헤비, 미디엄, 클린 타입의 세 가지 스피릿을 혼용했습니다. 이는 이 훌륭한 블렌디드 위스키를 만드는 데 필요한 원액에 들인 정성만을 나열한 것입니다.

이뿐만이 아닙니다. 치타는 그 자체로 출시되는 제품이기에(역주: 몰트 위스키와 블렌딩 하지 않고) 후숙에 사용되는 목재가 굉장히 중요했습니다. 치타는 무려 스페니시 오크와 아메리칸 화이트 오크 캐스크에서 숙성되었습니다. 이는 그레인 위스키를 위해 들이는 정성치고 굉장히 과한 것 같았지만, 그 결과 깨끗하고 깔끔한 여운을 남기는 은은하고 우아한 위스키가 탄생했습니다.

실은 고백할 게 있습니다. 치타의 영국 론칭 행사에서 현업에 종사하는 전문가들로부터 자세한 설명을 들었습니다만 안타깝게도 당시에는 제대로 이해하지 못했습니다. 어쩌면 그때는 제가 들을 준비가 되지 않았기 때문일지도 모릅니다. 좀 시간이 지난 후에 이 위스키를 시음해 보고 나서야 녀석의 훌륭함을 깨달았고, 왜 이 위스키를 '고요하다'고 표현하는지 이해하기 시작했습니다.

이 위스키는 도통 종잡을 수 없으면서 절제된 위스키입니다. 마구 소리를 지르거나 자신을 내세우지 않으며, 관심을 요구하지도 않고 미각을 압도하지도 않습니다. 매우 정중하고 예의 바른 위스키이지만 조용하고 믿을 수 있는 친구처럼, 이 위스키의 다양한 특성과 전통적인 가치를 깨닫게 되면 이 녀석을 더 즐길 수 있게 됩니다. 참으로 고요한 위스키입니다.

이 위스키에는 깊이와 복합적인 풍미가 있습니다만, 받아들이고자 하는 열린 마음이 겸비되었을 때 제대로 즐길 수 있습니다. 이 위스키를 특색이 없다고 서둘러 단정 짓는 오류를 범하지 않았으면 합니다. 저는 처음에 충분히 주의를 기울이지 않아서 그랬었지만, 여러분은 제 실수를 되풀이하지 마십시오.

자, 이제 페이지를 넘기셔도 됩니다.

시음	색상		후각	
노트	미각		여운	

22

생산자	디아지오 (Diageo)
증류소	브로라, 서덜랜드
방문자센터	있음
구매처	주류 전문점
웹사이트	www.malts.com
가격	■■■

어디서	
언제	
총평	

Clynelish 클라인리시

14년

제가 마지막으로 클라인리시에 대해 글을 쓴 이후, 이 외지고 오랫동안 방치되어 있던 증류소가 새 단장을 마치고 몇 가지 새로운 익스프레션들을 출시했습니다. 이제 공식적으로 조니워커의 하이랜드 본고장이 된 이곳은 매우 번듯한 방문자센터, 16년 숙성 포 코너스 오브 스코틀랜드(Four Corners Of Scotland) 그리고 다소 억지스러운 왕좌의 게임 하우스 티렐 리저브(House Tyrell Reserve Game of Thrones) 익스프레션까지 새로 단장한 증류소의 세련된 새 모습에 맞춰 구색을 갖추고 있습니다. 또한 바로 옆의 브로라(Brora) 증류소의 재개장 역시 반가운 소식입니다. 증류소는 사전 예약을 통해서만 방문할 수 있습니다. 이곳까지 오는 건 매우 길고 피곤한 여정일 테니, 투어를 예약하지 않고 방문하는 것은 어리석고 근시안적인 일이 될 것입니다.

약 100년 전 두 명의 저명한 위스키 평론가가 클라인리시의 명성을 만들었다 해도 과언이 아닙니다. 조지 세인츠버리 교수(George Saintsbury) 그리고 그의 제자였던 아이네아스 맥도널드(Aeneas MacDonal)는 이 위스키의 뛰어난 품질에 주목했습니다. 물론 원래의 증류소는 1983년에 문을 닫았기 때문에 이들이 마신 클라인리시는 우리가 오늘날 마시는 그 클라인리시는 아닙니다. 그들이 그렇게 극찬하던 스피릿을 맛보려면 한 병에 1,000파운드가 훨씬 넘는 돈을 지불하고 브로라 트립틱(Brora Triptych)을 마셔야 할 겁니다. 물론 그렇게 한 사람들도 있습니다.

하지만 한 병에 45파운드 정도 하는 14년 숙성 클라인리시는 더 저렴하면서도 실망시키지 않을 퀄리티입니다. 조니워커 블렌드의 핵심 구성 요소이기 때문에 증류소는 리브랜딩 되었지만, 조니워커의 끊임없는 판매 증가에도 불구하고 이 클라인리시는 아직 꽤 쉽게 구할 수 있는 것으로 보입니다. 이 제품은 해안가에 위치한 지역적 특성에서 비롯한 바다내음과 한 세기가 넘도록 안목 있는 호사가들을 매료시켜 온 그 유명한 스너프 캔들왁스향을 지닌 기분 좋은 하이랜드 몰트입니다.

디아지오는 한때 이 몰트를 '숨겨진 몰트'라고 불렀지만, 클라인리시를 공개함으로써 급변하는 시장에 대응했습니다. 클라인리시는 항상 블렌더들에게 사랑받아 왔지만 이렇게 대중들에게 노출이 되면서 모두가 이전에는 잘 드러나지 않았던 클라인리시의 매력을 즐길 수 있게 되었습니다. 옛날 옛적의 그 노장들이 이미 수년 전에 써온 글들이 정확했다는 걸 알 수 있습니다.

위스키 작가들을 위해 만세삼창을!

시음 노트	색상	후각
	미각	여운

23

생산자	컴파스 박스 딜리셔스 위스키(Compass Box Delicious Whisky Ltd)
증류소	해당 없음- 블렌디드 위스키
방문자센터	없음
구매처	주류 전문점
웹사이트	www.compassboxwhisky.com
가격	■■

어디서	
언제	
총평	

Compass Box 컴파스 박스

아티스트 블렌드(Artist Blend)

혼선이 있을까 봐 미리 말씀드리자면 이 위스키는 전에는 그레이트 킹 스트리트 아티스트 블렌드(Great King Street Artist's Blend)로 불렸던 위스키입니다. 컴파스 박스는 자신들만이 아는 모종의 이유로 이름과 라벨을 바꿨지만(저는 이전 버전을 더 좋아합니다), 중요한 것은 위스키의 맛은 그대로이며 40파운드 미만의 가격으로 여전히 저렴하다는 점입니다.

새로운 외관은 그들의 지칠 줄 모르는 맛에 대한 호기심과 탐구 정신을 담고 있습니다. 블렌딩 룸에서는 더욱더 이국적인 이름과 화려한 바로크풍의 장식을 더한 라벨의 새로운 위스키가 쏟아져 나오고 있습니다. 플레이밍 하트(Flaming Heart), 캔버스(Canvas), 트랜지스터(Transistor), 로그스 뱅큇(Rogue's Banquet), 노네임 3(No Name 3), 메나저리(Menagerie) 또는 페노메놀로지(Phenomenology) 등을 놓치지 마십시오. 실은 이런 한정판들은 빠르게 매진되기 때문에 이 글을 읽으실 때쯤이면 구할 수 없을 테니 너무 신경 쓰지 마십시오. 하지만 메일링 리스트에 가입해 놓고 또다시 한정판이 출시될 때 잽싸게 움직인다면 아마 후속작들은 시음해 보실 수도 있을 겁니다.

재미있게도 상당수의 극렬 위스키 애호가들이 블렌디드 위스키를 한껏 찌푸린 얼굴로 경멸하고 업계 일부에서도 몰트가 본질적으로 우월하다고 주장하지만(힌트를 드리자면 그렇지 않습니다), 컴퍼스 박스는 자신들의 블렌딩에 대한 전문성을 큰 자랑으로 삼고 있으며, 이는 제삼자 보틀링 업체로서의 그들의 존재 이유이자 무기이기도 합니다. 이 책에 소개한 몇몇 유수의 프리미엄 블렌디드 위스키들은 자신의 특별함과 높은 품질을 홍보합니다. 이런 것에 다소 둔한 대형 스카치 브랜드들이 이들에게서 영감을 얻었으면 좋겠습니다.

어쨌든 음료계의 대기업인 바카디(Bacardi)가 컴퍼스 박스의 꽤 주요한 소액주주임에도 불구하고 이들의 자회사인 듀어스(Dewar's)에 미치는 영향력은 거의 전무해 보입니다. 컴퍼스 박스는 자신들만의 독자적인 방식으로 자신 있게 내놓을 수 있는 입에 착 감기는 훌륭한 위스키를 계속 만들어 내고 있습니다. 이들의 작품들은 매우 뚜렷하고 개성 있는 향미를 자랑합니다.

이 위스키로 말할 것 같으면 칵테일에 잘 어울리게 만들어졌으며, 부드러우면서도 개성 있는 훌륭한 데일리 위스키입니다. 블렌드의 절반 이상은 클라넬리쉬(Clynelish,), 링크우드(Linkwood) 및 매우 고평가 받는 하이랜더 위스키라는 데에서 더욱 믿음이 가실지도 모르겠습니다. 너무 고민하시지 마시고 그냥 이 위스키를 즐겨보십시오.

시음 노트	색상		후각	
	미각		여운	

24

생산자	코츠월드 디스틸러리 컴퍼니(Cotswolds Distillery Company)
증류소	코츠월드 디스틸러리, 스타우톤, 쉽스턴온 스투어, 워릭셔
방문자센터	있음
구매처	다양한 구매처
웹사이트	www.cotswoldsdistillery.com
가격	

어디서	
언제	
총평	

Cotswolds 코츠월드

시그니처 싱글 몰트(Signature Single Malt)

영국 시골 한가운데에 위치한 코츠월드 증류소는 목가적인 전원에 위치한 아름다운 증류소로, 새로운 크래프트 증류주의 물결을 이끄는 선봉장입니다. 사실, 이 증류소가 주변 환경에 너무 잘 동화되어 천연덕스럽게 자리 잡고 있어 이곳이 2014년에 시작된 신흥 증류소라고는 상상하기 어려울 정도입니다.

이곳은 전직 헤지펀드 자산운용 전문가이자 은행원이자 지금은 팬데믹 덕분에 프리랜서 작가로 활동 중인 다니엘 소르(Daniel Szor)가 설립한 곳이며, 몇몇 선견지명이 있는 개인 투자자들의 지원을 받고 있습니다. 운명이었는지 뭔지 그는 몇 년 전 뒤에 홀린 듯이 도시 생활을 청산하고 코츠월드에서 평생의 꿈이었던 위스키 증류를 하기로 마음먹었습니다. 오늘날 이들은 당혹스러울 정도로 다양한 제품을 생산하는데 베르무트, 위스키 아마로(이 두 가지는 증류소 직구만 가능합니다), 크림 리큐르, 몇몇 진(가짓수가 너무 많아서 세기 어려울 정도입니다) 그리고 점점 추가되는 다양한 종류의 위스키를 판매합니다. 현재는 시그니처 싱글 몰트(46% 알코올 도수로 이 증류소를 알아가기 시작하는데 가장 적합한 제품), 리미티드 에디션 캐스크 피니시, 더 높은 도수의 피티드, 셰리, 버번 캐스크 스타일만을 제공하지만 앞으로 더 늘어날 예정입니다.

많은 다른 신흥 증류소들과 마찬가지로 이곳에서도 생산, 숙성 및 캐스크 선택에 조언을 아끼지 않으신 고 짐 스완 박사(Dr Jim Swan)의 손길을 느낄 수 있습니다. 지금은 독자적으로 방향을 설정해 나가지만 스완 박사의 업적은 이들의 웹사이트에도 기록되어 있으며, 그의 영향력은 아직 곳곳에 살아 숨 쉬고 있습니다.

보기 드물게도 이들은 코츠월드에서 생산된 보리만을 이용해 제품을 만들고 있어 원산지를 한눈에 알 수 있으며 푸드마일리지를 최소화한 점이 인상적입니다. 100% 피트 되지 않은 플로어 몰팅된 보리는 워민스터 인근의 영국에서 가장 오래된 몰트장에서 가져오며, 위스키는 저온 여과를 거치지 않으며 색소 또한 첨가하지 않은 채 보틀링 됩니다.

젊고 열정적인 증류 기술자들과 부지런한 홍보팀은 말할 것도 없고, 증류소, 사무실, 방문자센터, 포장 등 상당한 규모의 투자가 이루어졌으며, 위스키를 만들고자 하는 꿈나무들이라면 누구나 이곳에서 며칠씩 머물며 꼼꼼히 메모를 하고 싶어 할 것입니다. 코츠월드는 신흥 증류소의 기준을 상향평준화 시켰고 이제는 잘 정립된 걸 넘어서 점점 더 활기차게 성장해 나가고 있으며 장기적으로 봤을 때도 성공할 수밖에 없는 곳으로 보입니다.

시음 노트	색상	후각
	미각	여운

생산자	라 마티니케즈
	(La Martiniquaise)
증류소	해당 없음 - 블렌디드 위스키
방문자센터	없음
구매처	주류 전문점
웹사이트	www.cutty-sark.com
가격	▢▮

어디서	
언제	
총평	

Cutty Sark 커티샥

12년

오늘날 그리니치의 드라이독에 정박해 있는 유명한 티 클리퍼(차를 실어나르던 범선)의 이름을 딴 커티샥은 한때 미국에서 가장 많이 팔린 위스키이자 한 해에 백만 상자 이상 판매된 최초의 브랜드 중 하나였으며, 이는 지금도 상징적인 판매고입니다. 하지만 모종의 이유로 듀어스 화이트 라벨과 조니워커 등 경쟁사에 뒤처지고 말았고 결국 브랜드는 매각되었습니다. 그리고 가장 최근에는 라 마티니케즈(La Martiniquaise)라는 프랑스 그룹에 매각되었습니다.

그리고 그건 커티샥의 가볍고 청량감 있는 스타일을 좋아하는 위스키 애호가들에게는 희소식입니다. 저는 이 위스키가 칵테일에 잘 어울린단 걸 알고 나서는 이 술을 다방면으로 유용하게 즐기고 있습니다. 영국에는 잘 알려지지 않았지만, 라 마티니케즈는 자사 브랜드의 중장기적인 개발에 전념하는 내실 있는 기업입니다. 이들은 배스게이트 근처의 스타로에 큰 신식설비의 그레인 위스키 증류소와 블렌딩 공장을 가지고 있습니다. 그리고 또한 글렌 마레이 싱글 몰트도 이들 소유인데, 이 증류소는 덕분에 꽤 굉장한 성장을 이룩했습니다(37번 참조).

이제 이들이 이 블렌딩 위스키의 원재료를 공급할 수 있는 좋은 환경을 가지고 있다는 것을 이해하셨을 겁니다(그 유명한 라벨 5 블렌드 제품군도 포함해서 말입니다). 하지만, 커티샥은 전통적으로 글렌로티스(The Glenrothes)와 오랫동안 함께 해왔고, 이 스페이사이드 싱글 몰트는 여전히 이들의 블렌드에 포함됩니다.

그러나 새로운 소유주 아래에서 기대되는 부분은 역시 브랜드를 재건하기 위해 마케팅 지원에 대한 활발한 투자가 이루어지고 있다는 점이며, 그리고 무엇보다도 제가 매우 좋아하는 12년 위스키와 같은 신제품들이 출시되었다는 점입니다. 현재 프리미엄 블렌드는 품질, 가성비, 다양한 음용법의 행복한 조합을 찾는 애주가들에게 다양한 술자리에 어울릴 수 있는 강력한 제품군을 제공합니다.

전통적으로 영국 위스키 시장은 싱글 몰트를 선호해 왔고, 그렇기에 이 제품과 같은 프리미엄 퀄리티의 블렌드들은 판매가 어렵고, 따라서 이러한 위스키들은 마땅히 받아야 할 관심과 지원을 받지 못해 보다 낮은 가격에 판매되는 경우가 많습니다. 하지만 브랜드 이미지를 뛰어넘어 커티샥이 추구하는 모험정신을 받아들일 준비가 된 애주가들에게는 이는 하나의 기회가 될 것입니다.

시음	색상	후각
노트	미각	여운

26

생산자 | 번 스튜어트 디스틸러스(Burn Stewart
　　　　 Distillers Ltd)
증류소 | 딘스톤, 도운, 퍼스샤이어
방문자센터 | 있음
구매처 | 주류 전문점
웹사이트 | www.deanstonmalt.com
가격 | ■ ■

어디서

언제

총평

Deanston 딘스톤

12년

여기 마케팅 담당자와 대행사를 먹여 살리기 위해 또 한차례 패키징을 변경했음에도 여전히 가성비 좋은 싱글 몰트를 소개하려고 합니다. 이 글을 쓰는 시점에 한 병에 40파운드를 주고도 잔돈까지 남는 정도의 가격대인데, 이 정도 가성비를 제공하는 보틀은 이제 점점 찾기가 어려워지고 있습니다.

과거 퍼스샤이어는 100개가 넘는 증류소가 있던 증류소의 허브 같은 지역이었고, 딘스톤은 그중 살아남은 소수의 증류소 중 하나입니다. 왜 이곳이 더 잘 알려지지 않았는지 의아해하실 수 있는데, 이 증류소는 1960년 중반 당시 상당한 자본금이 투자된 메이저 블렌딩 위스키에 사용될 스피릿을 생산하기 위해 설립되었습니다. 물론 이는 결국 실현되진 못했지만, 이 증류소의 스피릿이 주로 블렌딩 위스키를 만드는 데에 사용됐던 것은 사실입니다. 소유주인 번 스튜어트는 블랙보틀(Black Bottle)과 스코티시리더(Scottish Leader)의 주원료로 사용하고 있지만 이 싱글 몰트 자체는 제대로 홍보한 적이 없습니다.

이 업장은 남아프리카의 디스텔 그룹이 소유하고 있습니다. 하지만 그 회사는 최근 하이네켄에 인수되었기 때문에 번 스튜어트와 딘스톤, 그리고 이들이 마찬가지로 소유하고 있는 부나하벤(Bunnahabhain)과 토버모리(Tobermory)의 운명과 소유권도 아직 불분명한 상태입니다.

이 증류소는 잘 알려지지는 않았지만 꽤 특이한 이력을 가지고 있는데, 원래는 1785년도에 리처드 아크라이트(Richard Arkwright)에 의해 거센 물살의 티스강을 원동력으로 삼아 가동되던 면화 공장으로 지어졌습니다. 오늘날 등재돼 있기도 한 아크라이트의 저장고는 위스키 숙성에 최적화된 이상적인 조건을 제공하며 여전히 수력 터빈에서 나오는 전기를 사용하고 있습니다.

1966년도에 마침내 완벽하게 증류소로 탈바꿈하게 되었고, 딘스톤의 두 쌍의 대형 구형 팟 스틸은 높은 수준의 환류를 촉진하여 가볍고 과실 향이 나는 증류주를 만들어 냅니다. 46.3%의 알코올 도수로 저온 여과 및 색을 첨가하지 않고 새 오크통에서 몇 주 동안 숙성 후 병입합니다. 꽤 가볍고 섬세하고 산뜻한 타입이지만 하이볼 칵테일에 아주 잘 어울리는 맛입니다. 항상 진한 피트향에 절인 거친 녀석이나 강한 존재감의 셰리만 마시고 사는 것은 원치 않으실 겁니다.

조금 더 오래된 후숙 기간을 거친 녀석들 및 리미티드 상품이나 증류소 독점 상품들도 모두 흥미로운 편입니다. 이 잘 알려지지 않은 브랜드를 괜찮은 가격에 경험할 좋은 기회가 될 겁니다.

시음	색상	후각
노트	미각	여운

27

생산자	존 듀어 앤 선즈(John Dewar & Sons Ltd), 바카디(Bacardi)
증류소	맥더프(이전에는 글렌데브론이었음), 밴프, 밴프셔
방문자센터	없음
구매처	주류 전문점
웹사이트	www.thedeveron.com
가격	■■■

어디서	
언제	
총평	

The Deveron 더 데브론

12년

여기 지나치게 겸손하고 자신을 낮추길 좋아하는 싱글 몰트가 정체성의 혼란을 겪고 있는 것 같습니다. 듀어스 맥더프 증류소에서 과거에 맥더프(Macduff)로 출시되다가 글렌데브론(Glen Deveron)으로 불렸었고 최근 들어서는 근처 강의 이름을 본떠 더 데브론으로 불리고 있는 녀석이 그 주인공입니다.

이 스피릿은 블렌딩에 사용되기 위해 탄생했다 해도 과언이 아닙니다. 주로 프랑스와 벨기에에서 인기가 있는 윌리엄 로슨(William Lawson)의 키몰트로 원액이 사용되고 있으며, 듀어스의 다양한 익스프레션들에도 블렌딩 되는 걸로 추정됩니다. 이 증류소는 또한 위스키 역사에도 작은 족적을 남긴 것으로 추정되는데 이 증류소가 건축가 윌리엄 델메 에반스(William Delmé-Evans, 이 양반도 좀 저평가된 구석이 있는 인물입니다만)에 의해 지어졌다는 추측이 있기 때문입니다. 하지만 원 소유주와의 이유를 알 수 없는 모종의 갈등으로 인해 에반스는 증류소가 완공되기 전에 프로젝트에서 손을 떼게 되었고, 결국 이 증류소의 건립에 그의 영향력이 얼마만큼 미쳤는가는 영영 미지수로 남았습니다.

진실이야 어찌 됐든 이 증류소는 1992년부터 바카디 코퍼레이션이 소유해 왔으며 현재는 존 듀어 앤 선즈 자회사가 운영하고 있습니다. 더 데브론은 적어도 영국에서는 글렌데브론으로 알려지던 제품이 재출시된 것인데 10년의 숙성 과정을 거쳐 판매되고 있습니다.

새로운 패키징은 절제미가 돋보이는 편인데, 무엇보다 숙성 기간을 2년 추가한 것이 풍미를 상당히 만족스럽게 발전시킨 계기가 된 것 같습니다. 이 위스키는 엄청나게 복합적인 풍미를 가졌거나 자기주장이 강한 타입은 아닙니다만(단돈 35파운드에 뭘 바라십니까) 매일 복잡스럽고 개성 강한 위스키를 마시고 싶은 사람 또한 없을 겁니다.

때로는 복잡하지 않은 것이 마음에 딱 와닿는 때도 있는 법입니다. 여기에 더 유명해져야 마땅할 기분 좋고, 온순하고, 맛있고, 쉽사리 손이 가는 싱글 몰트가 있습니다. 위스키 성지순례 코스에서 다소 떨어진 곳에 있는지라 방문자센터 또한 없고 최근에야 웹사이트를 개설했습니다. 더 데브론을 보면 정말 안타깝기 그지없습니다. 이 제품은 더 잘 알려져야 마땅하며, 듀어스가 블렌드와 에버펠디(Aberfeldy) 싱글 몰트에 더 많은 관심을 기울이는 심정이 무엇인지 이해 못 하는 바는 아니지만 이 제품을 조금 더 밀어준다고 나쁠 건 없어 보인다는 게 개인적인 소견입니다. 이들의 명백한 홀대는 조금 유별난 구석이 있습니다.

시음	색상	후각	
노트	미각	여운	69

28

생산자	존 듀어 앤 선즈(John Dewar & Sons Ltd), 바카디(Bacardi)
증류소	해당 없음 - 블렌디드 위스키
방문자센터	에버펠디 증류소에 위치한 듀어스 브랜드 홈
구매처	영국에서는 주류 전문점, 미국에서는 다양한 구매처에서 구할 수 있음
웹사이트	www.dewars.com
가격	□□□□□

어디서 _____

언제 _____

총평 _____

_____

_____

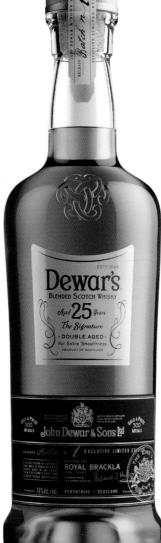

Dewar's 듀어스

더 시그니처(The Signature)

따로 사과의 말씀은 드리지 않겠지만서도 듀어스가 블렌디드 위스키 카테고리에서 세 개의 엔트리를 차지한 것을 눈치채셨을 겁니다. 이유를 설명해 드리자면 이 위스키들이 항상 좋은 위스키였던 건 사실이지만, 최근에는 그 수준을 한 단계 끌어올려서 뛰어난 품질에 더불어 훌륭한 가성비까지 겸비한 블렌드를 생산하고 있기 때문입니다. 마스터 블렌더 스테파니 맥클라우드(Stephanie Macleod)의 작품인 25년 숙성의 시그니처를 예로 들어보겠습니다.

저는 항상 이전 버전의 시그니처 익스프레션을 매우 좋아했습니다. 비록 연식이 표시되어 있진 않았지만, 이 익스프레션은 매우 고급스러운 나무 상자에 담겨 왔는데 작은 반려동물의 관으로 재활용하기 그만이었습니다(물론 사랑하는 반려동물이 무지개다리를 건너간 후에 말입니다).

나쁜 소식이 있다면 이 원래 버전의 시그니처는 단종되었다는 겁니다. 하지만 좋은 소식도 있습니다. 시그니처가 25년 숙성 기간의 익스프레션으로 돌아왔고 의심할 여지가 없이 더 좋아졌다는 점입니다. 그리고 더 좋은 소식은 햄스터 관짝 패키징이 없어지며 가격이 확 내려갔다는 점입니다. 150파운드를 살짝 상회하는 가격이기에 고민이 되지 않는다면 거짓말이지만, 비슷한 숙성연도의 경쟁사 제품들을 본다면, 그리고 이만한 제품을 만드는데 드는 정성과 노고를 생각한다면 이 정도 숙성 기간에 이 가격은 정말 엄청난 가성비입니다.

초기 버전을 만든 톰 에이트켄(Tom Aitken)은 최종 블렌딩 전에 위스키 컴포넌트들을 같은 통에 넣고 함께 숙성하는 '메리잉(marrying)' 공정을 굉장히 중요시했습니다. 메리잉은 항상 듀어스의 시그니처 공정이었으며 오늘날 다른 블렌더들도 이 과정을 거치고 있지만, 듀어스의 오리지널 마스터 블렌더였던 A. J. 카메론(A. J. Cameron)이 이 공정의 선구자입니다. 그의 후임자인 스테파니 맥클라우드는 이러한 유산과 에이트켄의 작업을 바탕으로 좀 더 풍부함과 부드러움과 깊이감을 더하기 위해 노력했고, 그녀의 시그니처는 매우 특별한 한 모금으로 탄생했습니다. 녀석의 특별함에 대해 재차 질문하자, 그녀는 겸연쩍게 긍정하다가도 원래의 버전에서 아주 작은 변화만 주었을 뿐이라고 재빨리 덧붙였습니다.

어쩌면 단순한 심리적 요인일지도 모르지만, 이 정도 금액의 위스키를 선물할 때나 구매할 때나 숙성 기간을 표시해 준 것은 사소한 요소가 아니라 큰 안정감을 더해줍니다. 어떤 블렌더라도 기꺼이 자신의 이름을 내걸 수 있을 만한 좋은 위스키입니다.

시음	색상		후각	
노트	미각		여운	

29

생산자	존 듀어 앤 선즈(John Dewar & Sons Ltd), 바카디(Bacardi)
증류소	해당 없음 - 블렌디드 위스키
방문자센터	에버펠디 증류소에 위치한 듀어스 브랜드 홈
구매처	영국에서는 주류 전문점, 미국에서는 다양한 구매처에서 구할 수 있음
웹사이트	www.dewars.com
가격	⬜⬛⬛⬛

어디서

언제

총평

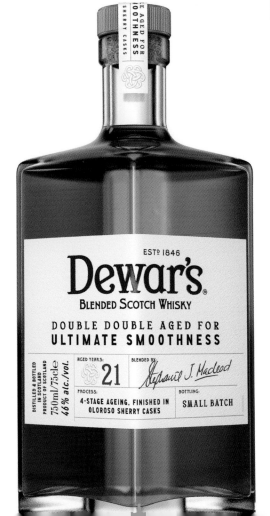

Dewar's 듀어스

더블 더블(Double Double)

한창 전성기를 누리고 있는 블렌더와 풍부한 원재료, 전통과 혁신의 기발한 조화, 적절한 마케팅 예산 그리고 영리한 패키징과 실험정신이 충만한 회사가 결합했다고 생각해 보십시오. 그 결괏값이 무엇일지 상상이 가십니까?

글쎄요, 여러분은 어쩌면 듀어스의 더블 더블을 보게 될지도 모릅니다. 이 특이한 이름은 '더블 에이징(double aging)' 공정에서 따온 이름입니다. 듀어스는 '메리잉' 공정의 선두 주자로 거론되고 있는데 지금의 마스터 블렌더인 스테파니 맥클라우드는 이 공정을 한 단계 더 발전시켰습니다. 베이스가 되는 몰트와 그레인을 각각 따로 숙성한 다음, 메리잉 공정을 거쳐 다시 캐스크에 담아 더블 에이징 기간을 갖습니다. 그다음에 이 블렌드는 다시 처음의 셰리 캐스크에서 마무리합니다. 이 공정은 까다롭고 시간이 오래 걸리며 어느 한 스테이지에서 너무 오래 숙성되어 풍미가 단조로워지지 않도록 위스키의 진화 발달 과정을 면밀히 관찰하고 컨트롤해야 합니다. 셰리캐스크에서 오랜 기간 숙성했을 때, 그리고 그중에서도 특히 페드로 히메네즈 캐스크를 사용했을 때 풍미가 단조로워지는 과오를 범하기 쉽습니다.

이 제품은 처음에는 듀어스 위스키를 오랫동안 선호하던 미국에서만 한정 출시되었습니다. 세 가지 익스프레션이 출시됐었는데 21년, 27년 그리고 32년이 있었으며 모두 굉장히 스타일리시한 500ml 보틀에 46% 알코올 도수로 보틀링되어 아이폰 패키징을 연상시키는 근사하고 미니멀한 흰색 상자에 담겨 출시되었습니다. 우리가 기존에 알고 있던 듀어스 위스키의 이미지와는 전혀 달라서 더욱 좋았습니다.

세 익스프레션 모두 셰리 캐스크 피니시였습니다. 21년은 올로로소에서, 27년은 팔로 코르타도에서 그리고 32년은 페드로 히메네즈 셰리 캐스크에서 완성됐습니다. 이 32년 위스키는 굉장히 훌륭한 위스키임이 틀림없었지만 개인적인 입맛으로는 병당 500파운드에 달하는 가격을 생각했을 때 PX(페드로 히메네즈) 노트가 너무 강렬하다고 느꼈고, 제 지갑 사정을 고려했을 때도 너무 비싸다고 느꼈습니다. 하지만 국제 위스키 대회에서 이 위스키를 2020년을 대표하는 위스키로 선정한 것을 보면 저 또한 배움이 아직 부족할지도 모르겠습니다.

개인적으로 저는 이들 중 21년 숙성 버전을 품질과 가성비 두 가지를 잡은 최고의 위스키로 꼽고 싶습니다. 특히 21년 버전은 곧 풀사이즈 보틀로 출시될 예정이라고 하니 더욱더 그런 생각이 듭니다.

시음	색상		후각	
노트	미각		여운	

30

생산자	존 듀어 앤 선즈(John Dewar & Sons Ltd), 바카디(Bacardi)
증류소	해당 없음 - 블렌디드 위스키
방문자센터	에버펠디 증류소에 위치한 듀어스 브랜드 홈
구매처	영국에서는 주류 전문점, 미국에서는 다양한 구매처에서 구할 수 있음
웹사이트	www.dewars.com
가격	□ ■

어디서	....
언제	....
총평	....

Dewar's 듀어스

재페니즈 스무스(Japanese Smooth)

여기까지 오셨으면 이미 눈치채셨겠지만, 블렌디드 위스키를 홀대하는 것은 매우 경솔한 행동일 수 있습니다. 여기 그 예시가 하나 더 있습니다.

듀어스 재페니즈 스무스는 최근에 출시된 위스키 제품군 중 하나로 역시나 이 브랜드의 전작들을 만들어 냈던 현재 마스터 블렌더 직책을 맡고 있는 스테파니 맥클라우드가 탄생시켰습니다. 이곳의 역대 마스터 블렌더들은 단 6명이었으며 그들 모두 남성들이었습니다. 하지만 그녀는 막후에서 굵직한 업계 기술위원회의 중책을 맡고 있으며, 인터내셔널 위스키 경연대회에서 3연속 올해의 마스터 블렌더로 선정되는 기염을 토하는 등 화려한 이력으로 그 이상의 능력을 입증해 냈습니다. 그녀는 새로운 위스키의 시대를 이끄는 창의적이고 재능 있는 여성 블렌더들을 이끄는 선봉장 중 하나로 주목받고 있습니다.

이 제품군은 위스키의 풍미에 피니싱이 미치는 영향을 표현하는 것을 목표로 만들어졌습니다. 대부분의 레인지는 듀어스의 정식제품으로 출시되지만 아마도 캐스크 품귀 현상으로 인해 단하나 한정판으로 출시되는 익스프레션도 있습니다(포르투갈 포트 피니시). 아마 운이 좋다면 이익스프레션은 때때로 조금씩 더 출시될 수도 있습니다. 지금으로선 관심이 있으시다면 세 가지 듀어스 스무스 버전 중에서 선택하실 수 있습니다. 캐리비안(Caribbean, 럼 캐스크 피니시), 일리걸(Ilega, 메즈칼), 그리고 칼바도스(Calvados, 설명이 필요합니까?).

더 상세히 설명해 드리기 전에 이 말 한마디만 하겠습니다. 이 정도 품질의 8년 숙성 블렌디드 위스키가 30파운드 미만의 가격이라는 것 자체가 매우 파격적이기 때문에, 혹여 취향이 아니더라도 사서 손해 볼 것 없는 장사입니다. 하지만 그보다도 동일한 코어 블렌드의 위스키를 피니싱에 따라 서로 비교해 볼 수 있는 기회라는 점에서 더욱 흥미진진합니다. 위스키 마니아라면 꿈에서나 그러던 상황일 것이고 하드코어한 마니아가 아니더라도 이 귀염둥이들은 어떤 녀석을 선택하더라도 실망하게 하지 않을 것이니 망설일 필요가 없습니다.

약간 특색 있는 녀석을 시도해 보시고 싶다면 재페니즈 스무스를 강력히 추천해 드립니다. 네, 첫인상은 물론 부드럽다는 것이지만(단지 이름이 스무스라서 부드럽게 느껴지는 것이 아니라 숙성과 메리잉 공정의 영향입니다) 뒤로 갈수록 더 다채로운 풍미가 전개됩니다. 일본산 미즈마라 캐스크는 특유의 시나몬, 샌달우드, 플로럴 노트가 뭉근하게 중첩되어 복합적이고 훌륭한 블렌딩을 선보입니다.

시음	색상	후각	
노트	미각	여운	75

31

생산자	더 잉글리시 위스키 컴퍼니(The English Whisky Co.)
증류소	세인트 조지 디스틸러리, 루덤, 노퍽
방문자센터	있음
구매처	주류 전문점
웹사이트	www.englishwhisky.co.uk
가격	

어디서

언제

총평

The English 더 잉글리시

오리지널(Original)

오늘날 잉글랜드에서는 최소 30여 개의 증류소가 위스키를 생산하고 있습니다. 북동부의 애드게프린부터 트루로의 작은 힉스 앤 힐리까지, 혁신적인 신세대 증류소들이 재치 있고 새로운 위스키들로 스코틀랜드의 헤게모니에 도전하고 있습니다(스코틀랜드가 언제 독립국을 선언할지도 모르니 그러는 편이 신상에 좋을 겁니다).

그럼, 이제 현대사회에 첫 잉글리시 위스키를 선보인 진정한 '오리지널' 선구자들에게 경의를 표해봅시다. 비슷한 시기에 여럿이 동시에 시도했기에 누가 최초인가 하는 의견이 분분하지만, 이노픽(Norfolk)의 농부들이 최초라 할 수 있겠습니다.

제임스와 엔드류 넬스트롭(James & Andrew Nelstrop)은 보리농부였는데 부지가 풍부한 물의 축복을 받았기에 위스키를 만들기 시작했습니다. 외부 주주들에 기댈 필요 없이(크라우드 펀딩이나 아직 만들어지지도 않은 캐스크를 판매할 필요도 없었습니다) 이들은 스코틀랜드에 조언을 요청했습니다. 포사이스의 증류소 제조업체가 공장을 지었고, 라프로익의 전설적인 증류소 매니저였던 레인 헨더슨(Lain Henderson)이 자문가 역할을 자처했습니다. 그의 감독하에 시작된 증류소는 전직 양조 전문가인 데이비드 핏(David Fitt)이 책임자로 부임한 이후 더욱 발전했습니다.

초기 세인트 조지의 목표는 가볍고 과실향이 강한 스타일을 지향하고 있었고 철저히 스코틀랜드식 생산 규칙을 엄격하게 준수하고 있습니다만, 현재는 그레인 위스키와 잉글리시 싱글 몰트 스타일도 생산하고 있습니다. 색소를 첨가하지 않고 냉각 여과를 하지 않으며 다양한 캐스크를 사용하는데, 생산량의 대부분은 켄터키의 짐 빔(Jim Beam) 증류소에서 온 퍼스트 필 버번 배럴을 사용합니다.

첫 출시 당시에 미디어의 열광적인 반응에 힘입어 곧 생산량을 대폭 늘려 다양한 스타일과 완숙된 위스키를 출시할 수 있게 되었습니다. 코로나 이후, 이들에게 관광은 주요 수입원이 되었고 이들의 잘 갖춰진 위스키 상점 및 레스토랑을 겸비한 투어는 당연히 인기가 있습니다.

잉글리시 위스키는 오늘날 완전히 자리매김했으며 누구도 그 자리의 정당성에 의문을 제시하지 않지만, 다른 잉글랜드 증류소들이 아무도 그 길을 가지 않을 때 먼저 시장을 개척해 준 넬스트롭 가족에게 진심으로 감사하는 마음을 갖기를 바랄 뿐입니다(물론, 이미 100여 년부터 다들 그런 마음을 갖고 있었지만, 그냥 이 문장이 마음에 들어서 인용하고 싶었습니다).

시음 노트	색상	후각
	미각	여운

32

생산자	럭스코
	(Luxco)
증류소	정보 없음
방문자센터	있음
구매처	주류 전문점
웹사이트	www.ezrabrooks.com
가격	▢▮

어디서	
언제	
총평	

Ezra Brooks 에즈라 브룩스

스트레이트 라이(Straight Rye)

에즈라 브룩스는 버번으로 가장 잘 알려진 증류소입니다. 이름만 들으면 금주령 이전에 세워진 유서 깊은 증류소 같지만, 이 증류소는 실은 1957년경 잭 다니엘(Jack Daniel's) 품귀 사태에 편 승하기 위해 설립된 비교적 신생 증류소입니다. 처음에 이들의 브랜드는 해당 브랜드와 너무 유 사해서 법적 소송이 벌어질 정도였습니다. 하지만 이는 불발되었는데, 그 이유인즉슨 켄터키에 서 만든 이 위스키를 테네시에서 만든 잭다니엘 위스키랑 혼동할 가능성이 적다고 법원에서 판 결했기 때문입니다.

기회주의적이든 아니든 이 위스키는 꽤 잘 팔렸지만, 이후 소유주가 갑자기 바뀌고 현재는 '과 거를 잊지 않고 미래에 집중하는 소비재를 만드는 회사라고 스스로를 소개하는 럭스코(Luxco) 의 손에 들어갔습니다. 이는 상당한 호재입니다.

이들은 켄터키주 바드 타운에 위치한 럭스 로(Lux Row) 증류소에서 버번의 전통을 이어가고 있 으며, 이곳에 방문자센터를 운영하면서 에즈라 브룩스 위스키를 위시하여 다른 브랜드의 위스 키들을 제조하고 있습니다. 하지만 이 라이(호밀) 제품은 2017년경부터 호밀이 화제의 카테고 리로 급부상하기 시작하면서부터(전년도대비 매출이 4분의 1 이상 증가하였기에 브랜드 소유주라면 누 구나 관심을 가질 만한 성장률을 기록했습니다.) 인디애나에 있는 거대한 MGP 인그리디언츠라는 그 룹에서 호밀을 공급받고 있습니다. 에즈라 브룩스는 다양한 사람들을 위해 다채로운 위스키들 을 생산하고 있으며, 대부분 훌륭한 제품들을 출시해내고 있습니다.

이 비교적 신상 위스키도 예외는 아닙니다. 정확한 세부 사항은 아직 밝혀지지 않았지만 이 제 품에 사용된 호밀은 MGP가 프라이빗 레이블 고객들에게 통상적으로 지급하는 '표준' 호밀은 아 닌 것으로 보입니다. 정확한 제조법이 무엇이든 럭스코가 채택한 가격 전략은 환영할 만한 일입 니다. 이 제품은 팔릴 수밖에 없는 가격대로 형성되어 있기 때문에 우리로선 환영할 수밖에 없 습니다.

그러니 가격표만 보고 이 제품이 더 화려하게 포장되고 비싼 경쟁사 제품을 따라올 수 없을 것 이라고 속단하지 마십시오. 이 위스키는 살아생전 에즈라가 자랑스러워했을 만한 알짜배기 45% 알코올 도수의 제품입니다. 그가 실존 인물이었다면 말입니다.

시음	색상		후각	
노트	미각		여운	

33

생산자	화이트 앤 맥케이(Whyte & Mackay), 엠페라도(Emperador)
증류소	페터캐른, 로렌스커크, 에버딘셔
방문자센터	있음
구매처	주류 전문점
웹사이트	www.fettercairnwhisky.com
가격	■ ■ ■

어디서 ....

언제 ....

총평 ....

....

....

Fettercairn 페터캐른

12년

예전엔 증류소들이 자신들이 사용하는 물이 얼마나 특별한지, 그리고 어떻게 마법같이 멋진 결과물을 도출하는지 자랑하곤 했습니다. 요즘은 그 자리를 캐스크에 뺏긴 것 같지만 말입니다.

하지만 이곳에서는 물이 하는 매우 특별한 역할에 주목하지 않는 건 무례한 일이 될 겁니다. 페터캐른은 물에 상당히 집착한다고 할 수 있습니다(이렇게 표현해서 죄송합니다). 좀 더 정확히 말하자면 페터캐른은 증류기를 냉각하는 독특한 방법을 사용하는데, 증류기의 목 부분의 구리를 식히기 위해 그 부분에 물을 분사해서 냉각시키는 방식입니다. 이렇게 하면 역류가 촉진되어 위스키가 생성되는 과정에서 가벼운 증기만이 콘덴서를 빠져나가게 됩니다. 다른 증류소에서는 증류기의 높이를 높이거나 정화기를 사용하여 비슷한 결과를 얻기도 합니다.

하지만 페터캐른은 벌써 50년째 이 방법을 고수하고 있으며, 이 간단한 테크닉은 실제로 효과가 좋아 위스키에 가벼운 열대 과일향을 입혀줍니다. 물론 캐스크를 선택하는 것 또한 다른 중요한 변수가 되겠지만 말입니다. 이웃에 위치한 글렌카담(Glencadam) 증류소처럼 이곳 역시 메인스트림 싱글 몰트 붐의 주류에서는 다소 벗어났지만, 화이트 앤 맥케이 블렌드에 중요한 한 역할을 담당하고 있습니다. 그리고 글래드스톤 가족과의 관계성 때문에 글래드스톤 엑스 블렌디드 몰트(34번 참조)의 블렌드에도 한 역할을 차지하고 있습니다.

하지만 그렇다고 해서 이 온순하고 산뜻한 술을 과소평가해서는 안 됩니다. 게다가 이 증류소의 소유주는 에너지 교체 챌린지 파트너로서 탄소 중립을 실천하기 위해 노력하고 있고, 인근 8,500 에이커 규모의 파스크 이스테이트에 수만 그루의 참나무 묘목을 심는 등 환경 분야에서도 훌륭한 일을 하고 있습니다. 궁극적으로 페터캐른은 친환경적인 방법으로 관리되는 현지 목재를 이용하여 단일 사유지 단위로 위스키를 생산하는 것을 목표로 하고 있습니다. 실제로 페터캐른의 스코틀랜드 오크 보틀링은 곧 출시될 예정입니다.

나무만 보면 도끼부터 휘두르고 보는 그의 열정은 그랜드 올드 맨(Grand Old Man, 역주: 어떠한 일에 오랫동안 종사하여 존경받는 원로 격 인물에게 붙이는 칭호)도 인정할 것입니다. 50년 숙성 버전을 마시기 위해 2만 파운드를 낼 자신이 없으시다면 마시자마자 과실향이 확 퍼지는 12년 숙성 버전으로 가볍게 시작해 보십시오.

시음	색상	후각
노트	미각	여운

81

34

생산자	비가앤리스 (Biggar & Leith, LLC)
증류소	해당 없음 - 블렌디드 위스키
방문자센터	없음
구매처	영국 주류 전문점
웹사이트	www.gladstoneaxe.com
가격	

어디서

언제

총평

The Gladstone Axe 글래드스톤 액스

아메리칸 오크(American Oak)

어떤 보틀은 빅토리아 시대 복장으로 거대한 도끼를 움켜쥔 멋들어진 구레나룻에 근엄한 표정의 신사의 흑백 초상을 라벨로 쓰기도 합니다. 저는 처음에 이 라벨이 아마도 불의의 사고를 당한 론리와 레지 크레이의 동료 중 한 명인 프랭크 '더 매드 액스맨' 미첼(Frank 'The Mad Axeman' Mitchell, 역주: 1950년대에 영국을 떠들썩하게 한 살인자. 인질을 도끼로 위협해 매스컴을 탔으며, 크레이 형제가 탈옥을 도왔다가 결국 살해함)에게 보내는 헌사라고 생각했지만(한번 검색해 보시는 걸 추천해 드립니다. 프랭크를 죽이려고 무려 12발의 총알이 소모되어야 했지만, 권선징악을 실현했다는 점에서 그만한 가치가 있었습니다) 사실은 저명한 진보파 정치인이자 4선 영국 총리였던 W.E. 글래드스톤과 1860년 증류주법 개정으로 블렌딩 증류주 업계에 크게 기여한 그의 역할을 기리는 것이었습니다. 글래드스톤은 열정적인 아마추어 벌목꾼이기도 했습니다. 사람들이 그가 나무를 베는 모습을 보러 오기까지 했다고 합니다(넷플릭스보단 재미없었겠지만 말입니다).

하지만 요즘 세대에는 더 이상 역사를 공부하는 사람들이 없어지고 리버풀 대학교의 학생들은 기숙사에서 글래드스톤의 이름을 삭제해 달라는 청원 운동까지 벌인 것을 고려할 때, 한때 존경받아 마지않았던 이 정치인마저 '캔슬' 당한다면 이제 글래드스톤 보틀에는 경고문구가 함께 들어가야 할지도 모르겠습니다. 만약 그리된다면 글래드스톤 엑스(41% 알코올 도수로 병입된 블렌디드 몰트)는 매우 훌륭한 위스키이기 때문에 안타까운 일입니다.

이 위스키에는 두 가지 익스프레션이 있습니다. 제가 개인적으로 추천해 드리고 싶은 아메리칸 오크(American Oak)와 상대적으로 스모키한 향과 아일라다운 풍미가 더 돋보이는 블랙 액스(Black Axe) 이 둘입니다. 이 제품의 가격을 확인했을 때 도저히 믿을 수가 없어 당장 저명한 위스키 작가인 제 친구 찰리 맥클린(Charlie MacLean) MBE에게 전화를 걸어 이 위스키에 대해 자문했습니다. 그는 '내가 마셔본 블렌디드 몰트 중 가장 좋은 블렌딩 중 하나'라고 평했습니다. 참 후한 칭찬입니다.

도대체 왜 19세기 정치인의 이름을 위스키에 붙였는지 궁금하시다면 실은 글래드스톤의 소유주 중 한 명이 그의 증손자이며, 그의 명성을 지키고 싶어 하는 것 같기도 합니다. 글래드스톤 가문의 영지와 가까운 곳에 위치한 페터캐른의 싱글 몰트도 블렌딩에 사용되었습니다. 글래드스톤은 '내 몸 안에는 단 한 방울의 피도 스코틀랜드인이 아닌 것이 없다'라고 했습니다. 그리고 이 글래드스톤 보틀 안에는 사람들이 싫어할 만한 단 한 방울의 술도 없습니다.

시음	색상		후각	
노트	미각		여운	

35

생산자	빔 산토리
	(Beam Suntory)
증류소	글렌기어리, 올드 멜드럼, 애버딘셔
방문자센터	있음
구매처	주류 전문점
웹사이트	www.glengarioch.com
가격	■ ■ ■

어디서	
언제	
총평	

Glen Garioch 글렌기어리

12년

몇몇 업장들이 자신이야말로 '스코틀랜드에서 가장 오래된 증류소'라는 주장을 펼치고 있습니다. 그러나 그 후보 중에 1785년 12월부터 증류를 시작했다는 증거를 확보한, 에버딘셔의 올드 멜드럼에 위치한 아름다운 전원의 글렌기어리는 1797년부터 증류를 시작했다고 겸손하게 낮춰 주장하고 있습니다. 이 지역은 비옥한 곡창지대였기 때문에 예전부터 증류주가 발달하지 않았다면 그게 오히려 놀라운 일일 것입니다.

그 이후로 별 볼 일 없었다고 말하는 것은 지나치게 냉소적일 수 있지만, 이 거부할 수 없는 매력에도 불구하고 글렌기어리는 싱글 몰트 시장에서 그다지 큰 힘을 발휘하지 못했습니다. 이전 소유주는 이곳의 스피릿을 고작 블렌딩용으로 만드는 데 사용했을 뿐이지만, 최근에는 이곳 제품의 의심할 여지없는 품질이 널리 인정받으며 전량은 아니더라도 생산량의 대부분이 싱글 몰트용으로 사용되고 있습니다. 일부 제삼자 보틀링은 여전히 진행되고 있지만, 오늘날 이 증류소는 1970년대 후반으로 거슬러 올라가는 빈티지, 흥미로운 버진 오크, 15년 숙성의 르네상스, 이 증류소를 처음 세운 맨슨(Manson) 형제를 기리는 의미에서 출시된 파운더스 리저브(Founder's Reserve) 등 다양한 자회사 공식 익스프레션들을 제공합니다. 대부분 48%라는 매우 높은 알코올 도수이며 저온 여과 없이 병입했는데, 이는 가격을 비교할 때 참고할 만한 사항입니다.

이제 본론으로 들어가서 제가 추천하고 싶은 12년 숙성 위스키를 소개합니다. 이 제품은 엔트리 레벨인 파운더스 리저브보다 20% 정도 더 비싼데, 단돈 7파운드 차이에 이 정도라면 처음 시작하기에 매우 훌륭한 가격대입니다. 엑스 버번 캐스크와 셰리 캐스크 믹스우드를 사용했는데 복합적인 향미와 부드러운 과실의 풍미를 자랑합니다. 입안에서 느껴지는 크렘브릴레향과 서양배, 그리고 은은하게 깔린 단향까지 혼재되어 있어 자기주장이 매우 강한 타입은 아니지만 더 높은 세간의 주목과 평판을 얻어 마땅한 맛입니다.

하지만 한편으로는 잘 알려지지 않길 바라기도 합니다. 이 증류소는 상대적으로 규모가 작고, 생산량도 제한적일 수밖에 없으니까 말입니다. 인기가 좋아지면 당연히 가격은 더 올라갈 수밖에 없죠. '글렌기어리'라고 발음되는 이 약간 엉뚱한 이름은 도리스 방언에서 유래했습니다. 아름다운 제품 외관, 기분 좋은 맛, 그리고 훌륭한 가성비까지 모두 갖춘 이 술은 기억할 만한 가치가 있는 녀석입니다.

시음 노트	색상		후각	
	미각		여운	

36

생산자	알디 스토어
	(Aldi Stores Ltd)
증류소	정보 없음
방문자센터	없음- 하지만 매장은 많음
구매처	알디 스토어
웹사이트	www.aldi.co.uk
가격	🔲

어디서	
언제	
총평	

Glen Marnoch 글렌 마녹

스페이사이드(Speyside)

맞습니다, 이 술은 알디(Aldi)의 제품입니다. 보틀 퀄리티부터 좀 기대가 안 될 순 있지만 이 녀석은 한 방이 있습니다. 집필 시점을 기준으로 병당 16.99파운드이고 12년 숙성은 17.99파운드로 아마 이 책에서 가장 저렴할 것입니다. 이제 이 보틀을 그냥 지나치겠다는 말도 안 되는 소리는 마십시오. 물론 이름부터가 별로라는 것은 인정합니다. 하지만 디캔터는 가지고 계신가요? 통장 돈을 거덜 내지 않고 이것저것 사부작대며 칵테일 실험을 하기에 이만한 녀석도 없습니다.

맞습니다, 글렌 마녹 증류소라는 곳이 어떤 곳인지 검색해도 도저히 찾을 수가 없을 겁니다. 하지만 그보다 아일라, 스페이사이드 그리고 하이랜드 지역에서 엄청난 싱글 몰트를 세 개나 공수해 온 알디의 바이어들에게 경의를 표해줍시다. 가끔가다가 근래의 럼 캐스크 피니시처럼 특별 상품도 출시되며, 몇 년 전에는 25년 숙성의 스페이사이드 싱글 몰트를 19.99파운드에 파는 기염을 토하기도 했습니다. 소문이 나자 금방 동났지만 말입니다.

이해합니다, 아마도 물탄 듯 낮은 도수의 제품일 거라 지레짐작할 만합니다. 하지만 틀렸습니다. 무려 꽉 채운 40% 알코올 도수입니다. 물론 저온 냉각과정을 거친 제품이란 점은 인정해야겠지만, 이 제품보다 훨씬 더 비싸고 잘 알려진 브랜드 제품 중에도 같은 공정을 거친 제품들은 얼마든지 있다는 점을 상기시켜 드려야 할 것 같습니다.

좋습니다, 그래도 못 믿으시겠다면 이 위스키 제품군이 공신력 있는 블라인드 테이스팅에서 주요 상을 휩쓸었다는 점만 말씀드리겠습니다. 어떤 녀석을 추천해야 할지 정말 고민이지만, 스페이사이드 익스프레션이 제가 생각하는 최상품이 될 것 같습니다. 이런 엄청난 가성비의 제품을 보면 증류소들이 엄청난 걸작 위스키들을 헐값에 쏟아 내던 악명 높은 1980년대 위스키 호황기로 돌아간 것만 같습니다. 위스키에 돈 좀 써본 애호가들이라면 누구나 알 수 있듯 지금은 그런 시절이 아니기 때문에 이 정도 수준에 이만한 가치를 발견하는 것은 더욱더 반가운 일입니다.

좋습니다, 정말로 원산지가 어디인지가 그렇게나 중요하단 말씀입니까? 전통적으로 슈퍼마켓 유통업체에 공급하던 회사인 글렌 마레이(Glen Moray)가 유력한 용의자이며, 이들은 업계에 빠삭한 현 소유주인 라 마티니케즈(La Martiniquaise)가 최근 영리하게 운영해 가며 사업을 확장하고 있다고만 말씀드리겠습니다. 하지만 이름이 글렌 아무개이던, 글렌 저 녀석이건 그딴 것에 저는 전혀 관심이 없습니다. 그저 부어라 마셔라 하면 그만인데 말입니다!

아주 좋아요, 이제 아시겠습니까?

시음	색상	후각
노트	미각	여운

37

생산자	라 마티니케즈 (La Martiniquaise)
증류소	글렌 마레이, 엘진, 모레이셔
방문자센터	있음
구매처	영국 슈퍼마켓
웹사이트	www.glenmoray.com
가격	▢▤

어디서	
언제	
총평	

Glen Moray 글렌 마레이

파이어 오크(Fired Oak)

물비린내 나는 이야기 하나 들려드리겠습니다. 옛날 옛적에(한 1989년쯤에) 글렌 마레이 증류소는 양어장을 운영하여 남쪽 지방의 열성적인 고객들을 위해 틸라피아(역주: 열대 지역에서 나는 민물고기)를 기르는 사업을 구상했습니다. 모든 작업은 순조롭게 진행되었고, 물고기들은 살라딘 박스(역주: 19세기에 발명된 보리를 발아시키는 데 쓰던 밑바닥에 구멍이 송송 뚫린 박스) 안으로 공급되는 온수를 좋아해 상당한 크기로 자랐습니다. 안타깝게도 아무도 이 물고기들을 시장으로 운반하는 데 드는 비용과 수고로움에 대해 충분히 고려하지 않았고, 이 문제로 인해 결국 프로젝트는 조용히 사장되었습니다.

몇 년 후 글렌 마레이 컴퍼니가 아직 증류소를 소유하고 있던 시절, 저는 글렌 마레이의 제품군을 빈티지 상점에 아직도 가끔 등장하는 다양한 스코틀랜드 휘장과 제복을 입은 세련된 신병들로 추가해 확장하는 일을 맡았습니다(물론 사람이 아닌 제품이 들어갈 틴캔을 비유한 말입니다). 글렌 마레이는 항상 사람들의 관심에서 벗어나 있는 편이었습니다. 그전 소유주들은 이 브랜드를 좀 방치했고, 상상력이라곤 찾아볼 수 없는 겨우 쥐어짜 낸 창의성으로 그저 그런 적당한 가격대의 위스키밖에 만들어 내지 못했습니다.

결국 글렌 마레이는 명품 럭셔리 브랜드인 루이뷔통 모엣 헤네시(LVMH) 그룹에 매각되었고, 2008년에 이들은 중가 마켓과 프랑스 슈퍼마켓 블렌드에 특화된 같은 프랑스 기업인 라 마티니케즈(La Martiniquaise)에게 글렌 마레이를 매각했습니다.

그러나 라 마티니케즈는 요즘 한창 주가가 오르고 있는 싱글 몰트에 대해 훨씬 더 열린 접근 방식을 취하고 있습니다. 이제 글렌 마레이는 다양한 캐스크 피니시, 에이지 익스프레션, 그리고 심지어 피티드 버전까지(오 세상에나) 폭넓게 선보이고 있습니다. 저는 시드르(Cider, 사과주) 캐스크 출시 소식에 잠시 흥분했지만, 화제성을 노린 거라는 합리적인 의심이 들 정도로 거센 논란이 일었기에 지금 그 흥분은 다 가라앉았습니다. 더 최근에는 2019년 라 마티니케즈의 세인트 제임스 증류소에서 아그리콜(Agricole) 캐스크 피니시 프로젝트가 출시되었습니다.

약 20가지 익스프레션이 출시되어 있으며 모두 합리적인 가격입니다. 하지만 가격이 약간 내려간 것으로 보이는 파이어 오크 익스프레션은 아직도 여전히 과소평가되는 이 증류소에 대해 알아가기에 괜찮은 첫 선택입니다. 버번 방식으로 뉴 오크 에이징을 하려는 기획이었지만 그보다 더 달콤하고 매콤해진 술이 구미에 당긴다면 이 제품이야말로 월척이라 부르기에 손색이 없습니다(오그라드는 낚시 조크 죄송합니다).

시음	색상		후각	
노트	미각		여운	

38

생산자	로크 로몬드 그룹
	(Loch Lomond Group)
증류소	글렌 스코샤, 캠벨타운, 아가일 앤드 뷰트
방문자센터	있음
구매처	주류 전문점
웹사이트	www.glenscotia.com
가격	■■■

어디서

언제

총평

Glen Scotia 글렌 스코샤

빅토리아나(Victoriana)

이 녀석은 한때 스카치위스키의 중심이라 불리던 마을에서 마지막까지 살아남은 자랑스러운 생존자입니다.

위스키가 이 마을을 세웠다 해도 과언이 아닙니다. 1920년대 증류 산업이 붕괴하면서 수십 년 동안 역사의 뒤안길로 사라져 버렸지만, 위스키의 부활과 함께 서서히 회복세에 들어섰습니다. 옛 어느 증류소 소유주가 익사했다고도 전해지는 그 유명한 캠벨타운 호수까지 킨타이어 페닌슐라를 따라 긴 순례를 떠날 정도의 열성은 없더라도(그의 유령은 아직도 증류소를 떠돌아다닌다고 합니다!) 위스키 애호가들이라면 모두 환영할 만한 소식입니다.

전성기에는 이 마을에만 21곳의 증류소가 있었는데, 오늘날은 스프링뱅크 단 한 곳만(아주 가끔만) 운영되고 있습니다. 하지만 1832년도에 설립된 글렌 스코샤는 계속 잠정 보류되다가 2014년에 로크 로몬드 그룹의 새로운 사모펀드 소유주들에 의해 완전히 부활할 수 있었습니다. 이들은 증류소를 새롭게 단장하고 방문자센터를 새로 건설했으며 여러 중요한 대회에서 입상한 재미있는 싱글 몰트 레인지를 출시했습니다. 하지만 이 증류소는 규모가 큰 증류소는 아니라 생산량의 상당 부분을 모회사의 블렌딩용으로 납품해야 하기에 몰트를 손에 넣기까지 발품을 좀 팔아야 할 수 있습니다.

유명한 가사에도 나오듯 캠벨타운 로크는 '아름다운 곳'이지만(실제로도 정말 그렇습니다.) 위스키 가격은 암담하기 그지없습니다. 만약 찾아낼 수 있다면 글렌 스코샤 45년 숙성의 경우 4,000파운드에 달합니다. 물론 이것도 개인의 지갑 사정에 따라 기준이 다르겠지만, 최근에는 글렌 스코샤 익스프레션 대부분은 꽤 괜찮은 가격대를 형성하고 있어 발품을 팔만한 가치가 있습니다.

지난 개정판에서 저는 15년 숙성 싱글 몰트에 대해 언급했는데, 물론 지금도 매우 높게 평가하지만, 지금 소개하는 이 캐스크 스트렝스(52.2%) 빅토리아나는 품질과 가격의 완벽한 교집합에 속해있는 물건입니다. 65파운드에 이 정도면 절대 밑지는 장사는 아닙니다. 아메리칸 오크통의 깊은 탄화로 인한 과실, 향신료, 균형 잡힌 우드 노트가 옹골차게 꽉 차 있는데, 이를 넉넉한 비율의 페드로 히메네즈 셰리 캐스크에 숙성한 원액이 강하게 되받아칩니다. 물을 조금만 타서 마셔보면 진득한 점성의 녹진한 소용돌이가 형성되는 것을 감상하며, 친구들과 함께 즐기고 나눠 마실 수 있는 탄탄하고 폭발하는 풍미를 지닌 디킨시안 위스키(Dickensian Whisky, 역주: 찰스 디킨스의 작품에 등장하거나 그가 좋아했던 위스키를 일컫는 말)입니다.

시음 노트	색상	후각	
	미각	여운	

39

생산자

증류소
방문자센터
구매처
웹사이트
가격

더 글렌알라키 디스틸러스
(The GlenAllachie Distillers Co.Ltd)
글렌알라키, 에이버라우어, 모레이셔
있음
주류 전문점
www.theglenallachie.com
▢▢▢

어디서
언제
총평

The GlenAllachie 더 글렌알라키

12년

여기 대부분의 사람들의 레이더망에서 빗겨 난 듯한 작은 스페이사이드 증류소가 있습니다. 1967년 더 데브론(27번 참조)에서 이미 만났던 윌리엄 델메 에반스가 설계해 문을 연 이 증류소는 연간 약 300만 리터의 증류주를 생산할 수 있을 만큼 당시로서는 상당한 규모를 자랑했습니다. 증류소의 명성에 비해 안타깝게도 이곳에서 생산한 거의 모든 증류주는 블렌딩용으로 사용되었고, 1980년대 불황의 희생양이 되어 1985년 폐업했습니다.

하지만 1989년 새로운 소유주인 캠벨 증류소(페르노리카의 자회사)가 운영을 재개하고 30년 가까이 글렌알라키를 '하우스 오브 캠벨'로 운영해 왔습니다. 하지만 마찬가지로 생산량의 거의 전량을 블렌딩용 원액으로 납품했고 싱글 몰트 출시는 거의 없다시피 했습니다. 납품한 원액은 클랜 캠벨(Clan Campbell)과 100 파이퍼스(100 Pipers), 패스포트(Passport)와 같은 프랑스 슈퍼마켓에서 인기 있던 '저렴한' 브랜드에 사용되었습니다(들어본 적 없는 브랜드라고 자책할 필요는 없습니다. 별로 기억할 가치가 있는 브랜드들은 아니었습니다). 글렌알라키는 그림자 속에서 묵묵히 일해왔습니다. 하지만 2016년, 2억 8,500만 파운드에 벤리악을 미국의 브라운-포먼에 매각하는 거래를 성사함으로써 위스키 베테랑 빌리 워커(Billy Walker)는 여윳돈을 얻는 동시에 일에대한 새로운 열정을 불태우게 됩니다. 그 뒤 모두의 예상을 깨고 그는 페르노리카에 접근했고 2017년 7월에 이 증류소를 인수하는 데 동의했으며, 뿐만 아니라 상당한 양의 주식을 인수하기로 했습니다.

얼마 지나지 않아 워커의 양질의 캐스크를 고르는 탁월한 능력과 그의 손을 거친 작품을 한 단계 더 위로 끌어올리는 천재성으로 인해 180도 달라진 글렌알라키가 탄생했습니다. 워커는 증류주 창고 전반에 걸쳐서도 마법을 부렸고, 이제 글렌알라키는 다양한 레인지의 싱글 몰트부터 30년 숙성 캐스크 스트렝스 버전(475파운드라는 나쁘지는 않은 가격에 판매)까지 다양한 우드 및 캐스크 피니시, 한정판 출시 및 코어 제품군을 내놓을 수 있게 되었습니다. 일부 페르노리카 경영진이 나중에 이 증류소를 판 것을 땅을 치고 후회했다 해도 전혀 놀랍지 않을 것입니다.

15년 숙성 버전도 훌륭해 마지않지만, 저는 46% 알코올 도수의 12년 숙성 원액으로 가볍게 시작하는 걸 권하고 싶습니다. 이 녀석은 진또배기입니다. 입소문을 타면 금방 가격이 오를 거란 것만 알아두십시오.

시음	색상		후각	
노트	미각		여운	

40

생산자	앵거스 던디
	(Angus Dundee plc)
증류소	글렌카담, 브레킨, 앵거스
방문자센터	준비 중
구매처	주류 전문점
웹사이트	www.glencadamwhisky.com
가격	■ ■ ■

어디서

언제

총평

Glencadam 글렌카담

15년

아마 여러분 중에 글렌카담에 대해 들어보신 분은 없으실 겁니다. 그럴 만도 합니다. 거의 200년 동안 이 작은 브레킨 증류소는 대부분의 생산량을 블렌딩용 위스키 생산을 위해 납품해 왔기 때문입니다. 이곳은 기존의 위스키 트레일에서도 다소 벗어나 있으며, 얼마 전까지도 글렌카담과 글렌카담의 파트너사인 토민툴(Tomintoul)에 대한 소유주들의 홍보 또한 전무하다시피 했습니다.

하지만 이 아직 잘 알려지지 않은 싱글 몰트가 품질과 가성비의 절묘한 교차 지점에 속한 보물이란 걸 알아버렸기 때문에 이 모든 건 곧 급격하게 바뀔 것입니다. 소유주인 앵거스 던디는 2003년 얼라이드 도메크(Allied Domecq, 현재는 페르노리카에 흡수됨)로부터 인수한 이 증류소에 막대한 투자를 했습니다. 역사적으로 이 증류소의 원액은 크림 어브 더 바레이(Cream of the Barley)와 발렌타인(Ballantine) 블렌딩의 키몰트였으며, 2009년까지 새 소유주는 블렌딩 시장과 프라이빗 레이블 고객들에게 이곳의 생산량을 판매하는 데 집중했습니다.

물론 아직은 블렌딩 쪽이 핵심 사업이지만 이들은 싱글 몰트를 마케팅하며 느리지만 꾸준하게 사업모델을 전환해 왔으며, 2025년 창립 200주년을 앞두고 증류소를 확장하고 깜짝 놀랄 정도로 거대한 방문자센터를 건설 중입니다. 이곳은 아름답게 복원된 내부 물레방아와 전통적인 다니지 창고를 구경할 수 있는 것만으로도 버킷리스트에 꼭 추가해야 할 곳입니다. 이곳에서 멀지 않은 곳에 아르비키(4번 참조)도 같이 방문하여 앵거스 전원의 은은한 매력을 감상하며 하루를 마무리하는 것도 좋을 것입니다.

두 가지 종류의 NAS 스타일(안달루시아와 오리진), 10년, 13년, 15년, 18년, 21년 그리고 25년 숙성 익스프레션과 가끔가다 출시되는 싱글 캐스크와 생산 연도가 표기된 빈티지 출시 등 다양한 레인지의 제품군이 구비되어 있습니다. 이곳의 분위기 좋은 다니지 창고 중 한 곳에서 저는 1987년산 캐스크 몇 개를 발견했는데, 아마도 2025년을 기념해 출시하려 남겨둔 거로 추정됩니다. 어쩌면 일부는 50년 숙성을 위해 남겨두려는지도 모릅니다.

이곳의 제품들은 넘치지도 부족하지도 않게 잘 포장되어 있으며, 과한 포장의 부재가 오히려 접근성 있는 가격에 기여하는지도 모릅니다. 제가 가장 추천하고 싶은 제품은 46% 알코올 도수의 15년 숙성 위스키로, 가성비가 뛰어나며 균형 잡힌 맛이 일품입니다. 주머니 사정이 허락해 21년 숙성 위스키를 선택한다면 조금 더 복합적인 풍미, 목 넘김과 깊이감을 느낄 수 있을 겁니다.

시음	색상		후각	
노트	미각		여운	

41

생산자   브라운-포먼 코퍼레이션(Brown-Forman
            Corporation)
증류소   글렌드로낙, 포그 바이 헌틀리, 애버딘셔
방문자센터   있음
구매처   주류 전문점
웹사이트   www.glendronachdistillery.com
가격   ☐☐☐

어디서 ....

언제 ....

총평 ....

....

The GlenDronach 더 글렌드로낙

15년 리바이벌(Revival)

저는 10년 숙성의 맛있는 싱글 몰트지만 면세점 아웃렛에서만 판매되는 글렌드로낙의 포그 (Forgue)가 얼마만큼 메리트가 있을까 고민하던 중, 수킨더(Sukhinder Singh)와 라지비르(Rajbir Singh)가 15년 숙성의 리바이벌 스타일을 '획기적'이라 표현하며 세상을 바꾼 20가지 위스키 중 하나로 선정했다는 것을 기억해 냈습니다. 정말 엄청난 찬사가 아닐 수 없습니다.

만약 이들 형제의 이름을 처음 들어보신다면 이들은 영국 주류 전자상거래 소매업의 판도를 바꾼 회사이자 글로벌 리더인 위스키 익스체인지(The Whisky Exchange) 그리고 다른 여러 관련 사업을 창립한 형제들이라는 사실을 알아두시길 바랍니다. 1999년에 설립된 이 회사가 위스키 시장에 미친 영향력은 결코 무시할 만한 수준이 아니며, 2021년 페르노리카가 이 회사를 인수함에 따라 싱 형제는 엄청난 재산을 축적했습니다. 따라서 이들이 어떤 특정 위스키에 이 정도로 관심을 아끼지 않을 때는 우리 모두 예의주시하지 않을 수 없는 것입니다.

1826년으로 거슬러 올라가, 글렌드로낙은 2008년 당시 벤리악(70번의 맥네어스를 참조하거나 몇 페이지 전으로 넘겨 저명한 워커 씨에 대해 읽어보십시오)을 경영하던 빌리 워커가 인수하기 전까지는 블렌딩 업계를 제외하고 외부에는 거의 알려지지 않았습니다(사실 블렌딩 업계 밖에서는 거의 무명이나 마찬가지였습니다). 워커는 전통적으로 글렌드로낙이 추구하던 스타일인, 그리고 이전 소유주 산하에서는 시장에서 외면받았던 강하게 오크향을 입힌 셰리 스타일을 다시 유행시켰습니다.

얼마 지나지 않아 그는 정말 멋들어진 술을 만들어 냈습니다. 맥캘란과 글렌파클라스 등 다른 위스키 업체들도 이 스타일로 명성을 크게 얻었지만, 특히나 위스키 익스체인지가 리바이벌을 2015년 올해의 위스키를 선정한 후 워커 체제의 '새로운' 글렌드로낙은 대성공을 거두게 됩니다. 이 위스키는 곧바로 매진되어 단종되기에 이르고 그야말로 멈출 기미가 보이지 않는 상승세를 탑니다.

2022년으로 빨리 감기 해서 넘어가 보겠습니다. 글렌드로낙은 이제 미국의 브라운-포먼 코퍼레이션이 소유하고 있으며, 마스터 블렌더 레이첼 베리(Rachel Barrie)의 손에서 부활했습니다. 만약 페드로 히메네즈 셰리의 진한 건포도향을 좋아하신다면 곧 다시 이 녀석과 사랑에 빠지실 겁니다.

시음	색상	후각	
노트	미각	여운	

42

생산자	제이앤지그랜트 (J&G Grant)
증류소	글렌파클라스, 볼린달로크, 밴프 셔
방문자센터	있음
구매처	주류 전문점
웹사이트	www.glenfarclas.co.uk
가격	☐☐☐■

어디서	
언제	
총평	

Glenfarclas 글렌파클라스

25년

이 책의 모든 개정판에 글렌파클라스 105 캐스크 스트렝스 익스프레션을 추천한 바 있는(상당히 이례적인 일입니다) 저는 확고한 글렌파클라스의 팬입니다. 그리고, 털어놓자면 그들도 저를 상당히 좋아합니다. 제게 일전에 글렌파클라스의 가족 소유 185주년을 기념하는 책을 의뢰하기도 했습니다. 하지만 그들이 저에게 일거리를 주는 입장이 아니었더라도 저는 기꺼이 그들을 제 리스트에 포함시켰을 것입니다.

제가 여전히 105를 좋아하긴 합니다만, 이제는 25년 숙성의 싱글 몰트에게 최고의 자리를 내어주어야 합니다. 신사 숙녀 여러분, 25년 싱글 몰트는 세기의 가성비를 자랑합니다. 150파운드로 한 병을 사고도 거스름돈이 남고, 심지어 100파운드 미만으로 프로모션을 하는 것도 보았습니다(이제 다시는 이 가격을 주고는 살 수 없을지도 모릅니다). 솔직히 어떻게 혹은 왜 이런 가격으로 이 술을 파는지 의문입니다. 비슷한 연수의 다른 싱글 몰트들은 이 가격의 세 배, 혹은 네 배에 판매되기 때문입니다. 다른 싱글 몰트들은 12년만 되어도 거진 비슷한 가격에 팔리고 있고, 머나먼 외국의 잘 알려지지도 않은 소규모 양조장에서 만든 첫 시리즈도 이보다는 훨씬 더 높게 가격을 책정합니다. 이제 왜 이 싱글 몰트를 놓치면 안 되는지 감이 오실 겁니다.

스페이 계곡에 위치한 다소 트렌디한 다른 어느 증류소와 마찬가지로 글렌파클라스는 훌륭한 셰리 캐스크 방식의 생산자이자 현재까지도 자부심을 가지고 그 전통을 유지하는 가족회사입니다. 이들은 고집스럽게 품질에 대한 명성을 유지하고 있습니다. 여기서 생산한 그 어떤 것도 이류라고 감히 입에 담을 수 없고, 제삼자가 개입하지 않아 보틀링까지의 전 공정을 손수 진행하고 있습니다. 하지만 그들은 근처 다른 증류소들과는 달리 '럭셔리' 마케팅의 유혹에 넘어가지 않았고 터무니없이 비싼 패키징을 삼갔습니다(물론 그들도 근래 들어서는 유혹에 살짝 흔들렸을지도 모릅니다. 겉보기에 화려한 병과 천박하기까지 한 쓸데없이 거들먹거리는 상자들만 보고 가치 평가를 하는 사람들의 눈을 현혹하고 싶은 유혹을 뿌리치기가 어려웠을 것임에 틀림없습니다). 물론 여러분이 그런 쓸데없는 난센스를 무시하고 내용물에 집중할 수 있는 좋은 감각을 지니고 있다면 그런 것들은 하나도 아쉽지 않을 것입니다. 물론 언제까지 이렇게 고집스럽게 생산될 수 있을지는 모르겠지만요.

오감을 즐겁게 하는 동시에 요즘엔 좀처럼 찾기 힘든 희귀종을 서포트한다는 자부심도 챙겨보십시오. 독자적으로 스코틀랜드인이 전통을 잇는 스카치위스키 회사, 글렌파클라스를 주목하십시오.

시음 노트	색상	후각
	미각	여운

43

생산자	윌리엄 그랜트 앤 선즈 디스틸러스(William Grant & Sons Distillers Ltd)
증류소	글렌피딕, 더프타운, 밴프셔
방문자센터	있음
구매처	다양한 구매처
웹사이트	www.glenfiddich.com
가격	■ ■ ■

어디서	
언제	
총평	

Glenfiddich 글렌피딕

솔레라 15(Solera 15)

이번에는 아주 아주 유명한 증류소의 핵심 제품군 중 하나를 들고 와 봤습니다. 모두가 알다시 피 글렌피딕은 지금의 유행 이전부터 싱글 몰트 위스키를 적극적으로 홍보하기 시작한 이 가문 의 선견지명 덕분에 세계에서 가장 많이 팔리는 싱글 몰트 위스키 생산자 중 하나입니다. 또한 증류소를 일반 대중에게 가장 먼저 개방한 곳 중 하나이며, 이는 단단히 문을 걸어 잠그고 외부 인을 배척하던 업계 경쟁자들이 마음을 고쳐먹게 만든 훌륭한 정책 중 하나였습니다.

하지만 일부 몰트 팬들은 글렌피딕이 너무나 대중적으로 되어버리자 '이렇게 흔한 제품이 그렇 게까지 맛있을 리 없다'는 이유로 거부감을 보이기도 합니다. 글렌피딕은 어디서나 쉽게 구할 수 있기 때문에(그냥 하는 말이 아니라 정말 이곳저곳 다 있습니다) 희소성에서 기인하는 구매 욕구 를 자극하지 못합니다. 이에 대응하기 위해 이들은 때때로 익스페리멘탈(Experimental) 시리즈 와 같은 리미티드 에디션을 출시하지만, 저는 증류소 투어에서 기꺼이 자랑할 수 있는 이들의 초기작 중 하나를 상기시키는 것이 시의적절하다고 생각했습니다.

그 중심에는 스페인의 셰리 보데가에서 영감을 얻은 드라마틱한 오크통(엄청나게 큰 배럴)이 있 습니다. 8,000갤런(30,300리터 이상)이 넘는 숙성 위스키를 담을 수 있는 이 통은 다우닝 스트리 트 파티를 열거나(역주: 전 영국 총리 보리스 존슨이 코로나 락다운을 지시한 후 바로 다음 날 다우닝 스 트리트에서 서른 명에서 마흔 명 정도의 게스트와 함께 크리스마스 파티를 즐겼다가 발각되어 사임할 뻔한 사건) 350개 이상의 스탠더드 영국사이즈 욕조를 채울 수 있는 양입니다. 위스키에 목욕할 일은 없겠지만 운이 좋아서 계단을 타고 올라 통 꼭대기에 매달려 향을 맡아본다면 그 향이 너무나 강렬해서 취기에 퐁당 빠질 것만 같을 겁니다! 스페인에서 차용한 다른 한 가지 트릭은 스페이 사이드 스타일로 재해석한 솔레라입니다.

1988년 유러피안 오크 셰리 통에서 숙성된 글렌피딕과 아메리칸 뉴오크통에서 숙성된 글렌피 딕을 섞어 이 커다란 용기에 채웠고, 그 이후로 이 커다란 통은 단 한 번도 바닥을 드러낸 적이 없습니다. 병입하기 전에 오크통이 반쯤 비워지면 다시 채워지는데, 이는 통 안의 풍미가 매우 천천히 진화하고 있고, 적어도 이론적으로 말하자면 예전에 처음 채워 넣었던 오리지널 위스키 의 흔적이 계속 남아 있다고도 할 수 있습니다.

그러니 15년 숙성 위스키에 30년 이상 된 위스키 원액이 녹아 있는 이 가성비 좋은 위스키를 구 매해 보시길 바랍니다.

시음	색상		후각	
노트	미각		여운	

44

생산자	브라운-포먼 코퍼레이션 (Brown-Forman Corporation)
증류소	글렌글라사, 포트소이, 에버딘셔
방문자센터	있음
구매처	주류 전문점
웹사이트	www.glenglassaugh.com
가격	▦▦▦

어디서	....
언제	....
총평	....
	....
	....

Glenglassaugh 글렌글라사

12년

제가 미친 척하고 이 말 한마디만 하겠습니다. 만약 여러분이 발이 빠르고 운이 좋다면 마지막 남은 글렌글라사 50년 숙성 보틀 중 하나를 구매하는 걸 추천하고 싶습니다(단 264병이 남아 있습니다). 압니다. 병당 5,500파운드의 고가이죠. 하지만 이 보틀은 제가 주저 없이 추천할 수 있는 몇 안 되는 초고가 장기 숙성 위스키 중 하나입니다.

제가 이렇게 자신하는 이유는 직접 마셔봤기 때문입니다. 2008년 초부터 저는 그곳의 파트타임 임시 마케팅 디렉터로 참여했는데, 증류소에 남아있던 오래된 위스키 재고로 몇 가지 리미티드 익스프레션들을 출시해 수상을 하는 등 좋은 반응을 얻은 바 있습니다(40년 익스프레션은 특히 훌륭했습니다). 50년 익스프레션은 가장 마지막까지 남은 재고인데, 요새같이 장기 숙성 위스키가 터무니없는 가격으로 팔리는 시대에는 이건 거의 '바겐세일'인 셈입니다.

그 당시 글렌글라사는 네덜란드에 등록된 사업체를 통해 경영하던 베일에 싸인 투자자 그룹이 소유하고 있다고 알려져 있었습니다만, 구소련 관계자들의 자금이 배후에 있다는 소문도 왕왕 있었습니다. 그들은 증류소를 거의 방문하지 않았는데, 드물게 방문할 때면 자기들끼리 매우 열띤 토론을 벌이곤 하는 걸 흥미롭게 관찰하곤 했습니다. 2013년경에 이들은 갑자기 증류소를 벤리악에 팔아버렸고, 이는 곧 미국의 브라운-포먼이 인수하게 되었습니다.

하지만 증류소의 생산은 재개되었고, 이들 증류소는 생산 단가나 상등품의 배럴 구매 등에 인색한 타입들이 아닙니다. 짐 스완 박사가 특히 위스키 배럴 소싱을 맡았으며, 이들은 매우 희귀한 러시아 레드 와인 캐스크까지 손에 넣기도 했습니다. 오늘날 증류소는 위스키 업계를 선도하는 여성들 중 한 명인 레이첼 베리가 생산을 총괄하고 있으며, 그녀는 업계에서 명망 높은 스튜어트 니커슨(Stuart Nickerson)과 그라함 은손(Graham Eunson)이 주도한 증류소 재오픈과 동시에 참여하게 됐습니다. 정말 엄청난 거물급 이름들로 구성된 라인업입니다.

그렇기에 저는 약간의 도박을 하려 하는데 '신' 글렌글라사 12년 익스프레션이 2022년에 첫 출시되었기 때문입니다. 비록 아직 이 녀석을 마셔보지는 못했지만(10여 년 전에 이 녀석이 갓 숙성된 지 얼마 안 된 상태로 마셔본 걸 제외하고 말입니다) 바로 나가서 구입하시는 걸 추천합니다.

폐쇄될 당시 이들의 숙성 위스키는 멋진 스타일과 품위를 갖추었으며, 제가 마셔본 위스키 중 가장 훌륭한 위스키 중 하나로 기억되고 있습니다(좀 찜찜하고 불길한 기분을 불러일으키던 러시아 분들, 감사합니다).

시음	색상	후각
노트	미각	여운

45

생산자	이안 맥클라우드 디스틸러스
	(Ian Macleod Distillers Ltd)
증류소	글렌고인, 덤고인, 노스 킬리언, 글래스고
방문자센터	있음
구매처	다양한 구매처
웹사이트	www.glengoyne.com
가격	

어디서	
언제	
총평	

Glengoyne 글렌고인

10년

전 애인을 수소문해 찾는 것은 크나큰 실수이자, 실망감이나 그보다 더 나쁜 결과를 초래할 수도 있다고 합니다(물론 저는 그런 앙큼한 짓을 한 적이 없어 잘 모르지만, 들리는 바에 의하면 말입니다). 어느 시인이 말했듯 적당한 거리는 황홀감을 고취하는 마법과도 같습니다.

글렌고인은 제가 가장 처음 방문한 증류소였기 때문에 남다른 애정을 품고 있는 곳입니다. 마침 그때 저는 신혼여행 중이었는데, 제 아내가 이때 뭔가 싸함을 눈치채지 않았을까 생각합니다만, 제 남다른 위스키 사랑은 그 후 수년이 지난 후에나 본격적으로 시작되었습니다.

당시 글렌고인은 지금은 한참은 잊힌 레드 해클(Red Hackle) 블렌드의 키몰트였는데, 블렌더인 헵번 앤 로스(Hepburn & Ross)가 한때 스코틀랜드 서부의 고객들에게 롤스로이스로 제품을 배달하곤 했습니다. 또한 글렌고인은 웨스트 컨트리의 양조업체인 데베니쉬(Devenish)의 사유지에 속한 하우스 블렌드이기도 했는데 이곳은 제 술 인생이 시작된 곳으로, 갓 결혼한 새신부와 함께 방문하게 된 계기이기도 합니다. 양조장은 거추장스러운 접대에 관한 규제와 법규에 훨씬 관대했던 그 옛날에도 아주 살뜰히 바이어들을 맞이하기로 유명했으며, 오늘날의 얄팍한 기준으로 봤을 땐 실하다 못해 호사스럽기 짝이 없는 환대를 베풀었습니다.

이 모든 일은 제가 언급하기도 뭐할 정도로 옛날 일이며, 글렌고인은 이제 에드링턴 그룹이 현 소유주인 이안 맥클라우드에게 매각한 이후 새 삶을 살게 되었습니다. 이안 맥클라우드는 민간 기업이기 때문에 시의 눈치를 보지 않아도 되기에 훌륭한 위스키 증류소의 필수조건인 장기적인 눈으로 운영을 할 수 있게 되었습니다. 그들은 이곳에 투자하여 브랜드를 개발했고 증류소를 한 단계 더 위로 끌어올렸습니다.

결론적으로 이 위스키는 다양한 숙성연도와 피니시가 제공되는 매우 매력적인 위스키이며 더 많은 사람에게 사랑받을 자격이 있습니다. 저는 지난 에디션에서 21년 숙성 위스키를 극찬했지만, 한 병에 150파운드에 육박하는 가격이 이 '엔트리 레벨' 10년 숙성 위스키를 기어코 발굴해 내게 했습니다. 덧붙여 말씀드리자면 B양과 저는 여전히 같이 잘살고 있습니다.

재미있는 사실: 글렌고인은 오래된 '하이랜드 라인'의 경계에 자리 잡고 있으며, 증류소는 하이랜드에 있지만 저장고는 로우랜드에 있습니다.

시음	색상	후각
노트	미각	여운

46

생산자	디아지오
	(Diageo)
증류소	글렌킨치, 팬카이트랜드, 이스트 로디언
방문자센터	있음
구매처	주류 전문점
웹사이트	www.malts.com
가격	□□■■■

어디서

언제

총평

Glenkinchie 글렌킨치

12년

한때 잔디 볼링장이 있는 것으로 유명했던 글렌킨치는 다소 덜 알려진 증류소였지만, 최근 대대적인 리모델링을 거쳐 '조니워커의 로우랜드 홈'으로 새 단장을 했습니다. 물론 이는 이곳에서 생산된 대부분의 위스키가 블렌딩용으로 소비된다는 사실을 시사합니다. 하지만 제가 이곳 증류소에 대해 세 가지의 흥미로운 점을 말씀드릴 수 있습니다.

첫째로, 이곳은 현존하는 가장 완벽한 증류소 모형을 보유하고 있습니다. 이 모형은 원래 1924년 대영제국 박람회를 위해 제작되어 그곳에서 증류주를 만들어 냈는데, 후에 모틀락의 매장으로 옮겨졌다가 1976년에 마침내 이 증류소에 설치되었습니다. 이 멋들어진 녀석을 보러 가는 것만으로도 충분히 여행할 가치가 있습니다.

둘째로, 모델 옆의 눈에 잘 띄지 않는 진열장에는 빅토리아 시대의 유명한 위스키 책 작가인 알프레드 버나드(Alfred Barnard)의 미공개 팸플릿 사본을 볼 수 있습니다. 이 사본을 보고 솔직히 너무 기뻐서 심장이 두근거려 혼났습니다.

마지막으로, 이 증류소가 귀신이 들렸다고 전해지고 있다는 점입니다. 수년 전 제가 글렌킨치를 처음 방문했을 때, 당시 일리, 젠틀탐, 레스패스 부인 이 세 명의 유령이 이곳에 살고 있는데, 이들 모두 벽을 통과하고 굳게 잠긴 문을 열 수 있다고 합니다(벽을 통과하면 분명 아플 것 같은데 왜 유령들이 그러고 다니는지 이해할 수 없지만요). 하지만 요즘 가이드들은 유령에 관한 소문은 들은 적이 없다고 전면부인하고 있습니다. 하긴, 퇴마사를 부를 수는 없는 일이지 않겠습니까?

실은, 오늘날 이 증류소에 대한 설명은 모두 조니워커 블렌드에 대한 글렌킨치의 기여도에만 집중되어 있고 기업 홍보성이 다분합니다. 그러나 이러한 앵글이 너무 강압적이지 않게 적절한 정도이고, 이곳의 방문 경험은 너무 화려하고 수박 겉핥기식인 에든버러(Edinburgh)의 브랜드 홈보다는 좀 덜 작위적이게 느껴진다는 점에서 좋았습니다.

당연하게도 지금은 증류소 독점 스페셜 에디션을 내놓았지만, 수년 동안 그래왔듯 맛깔나게 가볍고 섬세하며 향긋한 풀 내음이 나는 12년 숙성 플래그십 보틀링은 40파운드 미만의 훌륭한 가격대를 형성하며 가히 전형적인 아페리티프(aperitif) 위스키라 할 수 있을 겁니다. 로우랜드 스타일의 훌륭한 예시가 될 제품을 찾기 위해 먼 곳을 찾아다닐 수도 있겠지만, 이곳 위스키를 맛보는 순간 왜 블렌더들이 오랫동안 이곳의 위스키를 쉬쉬하며 자기들끼리만의 비밀로 유지했는지 알 수 있을 겁니다.

시음	색상		후각	
노트	미각		여운	

47

생산자	시바스 브라더스
	(Chivas Brothers Ltd)
증류소	글렌리벳, 발린달로크, 밴프셔
방문자센터	있음
구매처	다양한 구매처
웹사이트	www.theglenlivet.com
가격	■ ■ ■

어디서	
언제	
총평	

The Glenlivet 글렌리벳

나두라(Nàdaurra)

글렌리벳은 현대 스카치위스키 산업의 시초가 된 역사적인 1823년 스코틀랜드 소비세법상 허가를 받았던 최초의 증류소 중 하나로 유명합니다. 이제 멋들어진 방문자센터에서 인당 최대 350파운드를 지불하면 다양한 '체험'을 즐길 수 있는 이 증류소의 흥미로운 역사에 대해 한번 자세히 알아보겠습니다.

하지만 그중 단 하나만 맛보고 싶다면 나두라를 고르라고 조언하고 싶습니다. 게일어로 '자연'이라는 뜻을 가진 나두라는 올드패션 스타일로 만들어 낸 순수한 위스키 본연의 맛을 구현합니다. 타디스(Tardis, 역주: 영국의 TV 시리즈 닥터 후에서 메인캐릭터가 타는 타임머신의 이름)를 타고 한 세기 이상 거슬러 올라가 위스키 창고에 도착해 '싱글 몰트의 시조 격'(마케팅 캐치프레이즈 경보)인 오크통에서 바로 꺼내 시음하지 않는 한 오리지널에 가장 가까운 맛을 냅니다.

이 스타일의 원조는 스카치 몰트 위스키 소사이어티였고 캐스크 스트렝스의 싱글 캐스크를 병입해 내놓은 최초의 브랜드는 획기적이었지만 안타깝게 단명했던 글렌모렌지의 네이티브 로스셔(Native Ross-Shire) 익스프레션이었습니다(이 프로젝트는 제가 작업했었는데, 고 마이클 잭슨이 높게 평가해 주어 매우 만족했던 녀석입니다).

한편으로 생각해 보자면 오늘날 글렌리벳은 이런 부류의 위스키를 정말 잘 만듭니다. 이 녀석은 싱글 캐스크 릴리스는 아니고 소규모의 스몰 배치 캐스크 스트렝스라고 봐야 하는데, 다양한 피트 처리방식과 숙성방법에 따른 풍미의 변화를 표현하기 위해 이런 식으로 출시한 것입니다.

깊은 풍미의 나두라가 반응이 좋기에 추천했지만, 꼭 여기에 동의하실 필요는 없습니다. 첫 잔은 나두라를 맛보시고(뉴 아메리칸 화이트 오크 캐스크), 피티드 위스키 캐스크(라벨 명 그대로의 맛입니다), 그 후에는 제 개인적 취향인 올로로소 숙성 버전을 추천합니다. 하지만 여느 스몰 배치 익스프레션들이 그렇듯 이 녀석도 온라인 옥션에 수시로 등장했다 사라질 수 있습니다.

나두라는 헤레스(Jerez)의 퍼스트필 올로로소 셰리 캐스크를 사용하며 우드향이 주가 되는 위스키의 아주 좋은 예사라 할 수 있으며, 저온 여과 과정을 거치지 않고 색소를 첨가하지 않아 글렌리벳 특유의 풍미를 해치지 않았습니다. 60%대의 알코올 도수로 병입되는 녀석치고 스탠더드 스트렝스의 평균가인 40파운드라는 미친 가격에 판매하는 말도 안 되는 녀석입니다.

시음	색상	후각
노트	미각	여운

48

생산자	루이비통 모엣 헤네시 (LVMH)
증류소	글렌모렌지, 테인, 로스서
방문자센터	있음
구매처	다양한 구매처
웹사이트	www.glenmorangie.com
가격	■■■

어디서

언제

총평

Glenmorangie 글렌모렌지

더 퀸터 루반(The Quinta Ruban)

저는 이들의 '월드 오브 원더(World of Wonder)' 영화를 열심히 관람해 놓고 겉멋이 잔뜩 든 웹사이트를 뒤적거리는데 열을 내는 바람에 하마터면 글렌모렌지를 리스트에 올리지 못할 뻔했습니다. 홍보성의 어설픈 기믹이라고도 할 수 있겠습니다. 방구석 전문가 수준의 지식으로 어느 업계 용어인지 이해하기 힘든 단어로 점철된 잡지 사설틱한 논조로(아마 의도한 건 아니었겠지만 기존 식상한 위스키 마케팅 캠페인 스타일과는 달리 획기적이라는 자화자찬으로 화룡점정을 찍으며) 영화에 관해 설명하는 글을 몇 페이지 가량 스크롤해 내리자, 누구든 한 대 쥐어패 주고 싶은 심정이 되었습니다. 이가 시큰해 오면서, 이 영화가 누굴 겨냥한 것이든 위스키 애호가는 아닐 거라는 우울하기 짝이 없는 생각이 들었습니다. 아마 예술가를 지망하는 젊은 학생들이 대상이었는지 모릅니다.

글렌모렌지의 소유주인 루이뷔통 모엣 헤네시(LVMH)가 럭셔리 레벨로 브랜드를 리포지서닝하며 상식적이지 못한 행보를 자꾸 보이고 있는데, 이는 전통적인 위스키 타깃층과 이들의 지갑 사정에는 매우 좋지 못한 소식입니다. 또한, 대부분 이국적인 느낌이 물씬 나는 발음하기 어려운 게일어 이름으로 출시되는 스페셜 릴리스들은 아주 잠깐 스포트라이트를 받다가 곧 새로운 후속작으로 대체되는 등 특별상품 출시가 잦은 편입니다. 하지만 성가시게도 이들 대부분 또 맛은 괜찮은 편이라서 고민하게 하는 녀석들입니다.

하지만 좋은 소식도 있습니다. 획기적인 신식 증류 시설인 라이트하우스를 설립하려 많은 자본이 새로 투입되었고, 이곳에서 증류 및 위스키 제조 책임자인 빌 럼스텐(Bill Lumsden) 박사는 다양한 재료와 공정을 연구하는 실험정신을 꽃피울 수 있을 겁니다. 이곳에서 마법 같은 작품이 탄생할 것이라는 확신이 들지만, 제발 이곳의 마케팅 부서가 이 모든 내용을 누구나 알아들을 수 있게끔 쉽게 설명하길 바랄 뿐입니다.

다른 주제로 넘어가서, 저는 이곳의 주력 위스키 중에서 퀸터 루반에 아직도 제일 관심이 갑니다. 글렌모렌지는 1990년에 요새 한창 유행하는 대체 우드 캐스크 중 하나인 포트 우드 피니시를 최초로 사용하기 시작했습니다. 더 이상 참신하지는 않지만, 여전히 동일 제품군 중 최고입니다. 이 녀석은 제가 가장 마지막으로 언급한 이후 2년 정도 숙성 기간이 늘어났기 때문에 현재 14년 숙성 버전이며 가격도 인상되지 않았습니다(적어도 크게 오르지는 않았습니다.).

그리고 요즘 세태로 미뤄봤을 때 이는 정말 드문 일입니다.

시음	색상	후각
노트	미각	여운

49

생산자	하이랜드 디스틸러스(Highland Distillers), 에드링턴 그룹(Edrington Group)
증류소	하이랜드 파크, 커크월, 오크니
방문자센터	있음
구매처	다양한 구매처
웹사이트	www.highlandparkwhisky.com
가격	

어디서

언제

총평

Highland Park 하이랜드파크

바이킹 프라이드(Viking Pride)

요즘 들어 저는 하이랜드 파크의 정체성이 무엇인지 이해하는 데 어려움을 겪고 있습니다. 여전히 이곳의 위스키와 증류소를 좋아하지만 왕좌의 게임(역주: HBO의 인기 TV 시리즈) 스타일의 장난 같은 라벨에 혼란스러움을 느낍니다. 오크니 지방이 바이킹과 떼려야 뗄 수 없는 관계라는 점은 알겠지만, 이점이 21세기를 사는 현대 증류 방식과 어떤 연관이 있는지, 관심 가질 만한 인과관계가 있기는 한지 이해할 수 없습니다.

안타깝게도 한술 더 떠서 이들의 브랜딩 작업은 노긴 더 노그(Noggin the Nog, 역주: 바이킹을 주제로 한 20세기에 만들어진 동화책) 캐릭터까지 마수를 뻗쳤습니다. 이들의 세계관에는(영웅전설 주의 경보) 바이킹 스카스, 바이킹 아너, 바이킹 하트, 바이킹 트라이브, 바이킹 프라이드, 발키리, 발크넛, 발파더, 트위스티드 타투 그리고 트리스켈리온(이 녀석은 실은 그리스 영웅담에서 모티브를 따온 것이지만 이쯤 되면 그딴 게 무슨 상관이 있겠습니까?)이 있습니다. 스피릿 오브 더 베어, 로열티 오브 더 울프, 윙즈 오브 더 이글, 레스 오브 더 크라켄, 드래곤 레전드 등은 뭐 언급할 가치도 없습니다(마지막 문장의 이름 중 하나는 제가 지어낸 이름입니다. 어떤 녀석인지 알아보시겠습니까?).

그럼에도 불구하고 이곳의 위스키는 세계 최고의 위스키 중 하나라고 주장할 만합니다(제가 '세계 최고의 위스키'라는 말도 안 되는 개념을 믿지는 않지만 말입니다). 게다가 이 증류소는 일일이 셀 수 없을 만큼 많은 상을 받았으니, 일단 엄청나게 괜찮은 증류소라고만 소개해 두겠습니다.

자긍심이 있다면 하지 않을 '파이브 키스톤(five keystones)' 같은 신조어까지 만들어 마케팅하는 허세 가득 찬 모습이 곱게 보이진 않지만, 이들식의 표현은 결국 전통적 방식의 플로어 몰팅, 아로마틱 피트, 저온 숙성, 셰리 오크 캐스크, 그리고 섬세한 캐스크 로테이션의 다른 말입니다.

가장 중요한 건 이 모든 게 단순 PR은 아니라는 점입니다. 이들은 1920년대부터 앞서 말한 과정들을 생산에 적용해 왔지만, 당시에는 적극적으로 이러한 부분들을 홍보하지 않았을 뿐입니다. 하이랜드파크는 민간 소유의 스코틀랜드 증류소로써 시간을 두고 음미할수록 점점 더 열리며 갈수록 좋아지는 굉장히 전통적인 느낌의 위스키를 현대적이면서도 강렬한 보틀에 담았습니다(물론 오래 볼수록 점점 더 좋아지는 건 위스키뿐이고, 저 보틀은 보기만 해도 제 화를 돋웁니다).

마지막으로 이 녀석은 둑길로 연결된 섬들이 줄지어 있고, 페리와 비행기로 연결된 섬들, 고대 유적지와 수공예 커뮤니티의 본거지인 오크니(Orkney)에서 온 위스키입니다. 발할라(Valhalla)에 가깝다고 알려진 귀중한 곳입니다.

시음	색상	후각
노트	미각	여운

50

생산자	투틸타운 스피리츠(Tuthilltown Spirits), 윌리엄 그랜트 앤 선즈 디스틸러스(William Grant & Sons Distillers Ltd)
증류소 방문자센터 구매처 웹사이트 가격	허드슨, 투틸타운, 가디너, 뉴욕주 있음 주류 전문점 www.hudsonwhiskey.com □□□□■

어디서	
언제	
총평	

Hudson Whiskey NY 허드슨

브라이트 라이츠, 빅 버번(Bright Lights, Big Bourbon)

미국의 다른 증류소들과 마찬가지로 허드슨 증류소도 이제 대기업에 속하게 됐습니다. 이 경우에는 스코틀랜드의 윌리엄 그랜트 앤 선즈에 속하게 되었습니다. 하지만 불과 15년 전까지만하더라도 이들이 증류주 업계에 등장한 것은 엄청난 센세이션이었습니다. 허드슨의 맨해튼 라이(Manhattan Rye)는 당시 칵테일바 신에서 가장 화젯거리였고, 트렌디한 믹솔로지스트들은 모두 이 독특한 375㎖ 보틀을 구하려 경쟁을 벌였습니다. 영국에서 약 100파운드 정도에 거래됐던 이 위스키는 2006년에야 위스키 증류를 시작한 증류소의 작은 규모에 비해 곧바로 다수의최우수상을 휩쓸며 꽤나 고가의 가격을 유지했습니다.

아이러니하게도 이들의 사업 초창기 계획은 오래된 농장 부지에 클라이밍 센터를 설립하는 것이었습니다. 하지만 이는 곧 지역 주민들의 거센 반대에 부딪혔고, 분하게도 지역 이기주의적로비로 인해 농업에 기반한 사업을 펼칠 수밖에 없었습니다. 이에 따라 금주령 이후에 최초로설립된 뉴욕 최초의 증류소가 설립되었습니다. 이후 수많은 모방업체가 생겨났고, 현재 미국에서만 2,300개가 넘는 소규모 증류소가 운영되고 있습니다.

허드슨은 곧 베이비 버번(Baby Bourbon)을 출시하는데, 뉴욕의 (아마도) 화려함을 반영하기 위해 이름을 '브라이트 라이트, 빅 버번(Bright Lights, Big Bourbon)'으로 개명했습니다. 맨해튼 라이는 이제 '두 더 라이 띵(Do The Rye Thing)'으로 불리며(제 탓이 아닙니다), '백 룸 딜(Back Room Deal)도 있습니다(저한테 말도 꺼내지 마십시오). 현재로서는 생산량의 대부분은 미국에서 소비되지만, 곧 최대 생산량이 늘어나면 상황이 바뀔지도 모릅니다. 현재로서는 남은 보틀을 추적하는 것이 영국에서 이 녀석을 구할 수 있는 가장 현실적인 방법입니다.

윌리엄 그랜트 앤 선즈는 2010년에 허드슨 위스키 브랜드를 인수한 후 2017년 4월에 경영권까지 완전히 얻어냈습니다. 생산량을 늘리게 되었고 비로소 허드슨 위스키를 표준 사이즈 보틀로출시할 수 있게 되었습니다. 하지만 이후 가격은 다소 하락했습니다.

아름다운 허드슨 밸리에 있는 증류소는 미국 크래프트 증류의 전환점의 상징과 같기에 더욱더방문하기 좋은 곳입니다. 증류소에서만 판매하는 하프 문 오치드 진(Half Moon Orchard Gin)과애플 보드카를 맛보러 뉴욕 시내에서 외곽으로 시간을 내 여행할 가치가 충분합니다.

시음	색상	후각
노트	미각	여운

51

생산자	인치데어니 디스틸러리
	(InchDairnie Distillery Ltd)
증류소	인치데어니, 클렌로시스, 파이프
방문자센터	없음
구매처	주류 전문점
웹사이트	www.inchdairniedistillery.com
가격	⬜⬛

어디서	
언제	
총평	

InchDairnie 인치데어니

라이로(RyeLaw)

꼭 가보고 싶지만 갈 수 없는 가장 흥미로운 증류소 중 하나가 여기 있습니다. 혁신적인 생산방식에 치중하는 경영 방식과 관광객의 발길에 닿지 않는 위치 탓에 인치데어니는 방문자센터가없습니다. 하지만 희망을 버리지 마십시오. 웹사이트에 명시되어 있듯이 앞으로 종종 특별 방문 프로그램을 개최할 예정이니 관심 있으신 분들은 지속해서 지켜봐 주십시오. 정말 위스키에관심 있으신 분들이라면 이곳 방문은 정말 특별한 경험이 될 거라 약속드립니다. 다른 방법으로는 캐스크를 구매하는 방법이 있겠지만, 연간 30개로 판매 수량이 정해져 있기 때문에 서두르셔야 할 겁니다.

인치데어니는 위스키의 미래(적어도 그 미래에서 중요한 한 가닥)를 대표한다고도 할 수 있지만, 위스키의 역사, 특히 증류에 사용되는 보리와 호밀의 사용법을 기록한 '1908/09 위스키 및 기타 증류주에 관한 왕립위원회 보고서'를 참고해 첫 제품을 출시한 전례도 있습니다. 라이로(RyeLaw)라 불리는 위스키인데, 현지에서 재배한 호밀을 사용해 만든 싱글 그레인 스카치위스키입니다. 스코틀랜드 유일의 라이 위스키는 아니지만(4번 아르비키 참조), 기술력이 우수한 증류소에서 이 곡물로 만든 위스키라는 점에서 차별점이 있습니다.

어떤 부분에서 우수하다는 건지 궁금하십니까? 이곳은 이제껏 도달하지 못한 새로운 차원의 작업 효율성, 에너지 효율성 그리고 풍미 향상을 위해 기초 단계부터 설계 및 제작되었습니다. 전무이사인 이안 팔머(Ian Palmer)는 엔지니어이자 증류주 양조 전문가로서 오랜 경력을 쌓아왔으며, 놀랍도록 독창적인 위스키 증류소를 만들어왔습니다. 이곳에는 매시 필터(mash filter, 스코틀랜드에서는 두 번째로 빨랐지만 호밀 가공에 이상적인 장치), 증류 통에 두 개의 콘덴서가 부착되어 있고, 개조된 로몬드 증류기, 그리고 당연하게도 독자적인 효모 균주를 갖추고 있습니다.

라이로는 이 책이 출간될 즈음에 시장에 출시될 예정이며(샘플을 미리 맛본 결과 실망스럽지 않을겁니다), 그 후에는 킨글라시(KinGlassie, 피티드 스타일의 한정판입니다)와 인치데어니 싱글 몰트도 출시 예정입니다만 아직 준비 단계입니다. 이 업장의 계획 지향적이고 세심하고 꼼꼼한 성격에 걸맞게 이 모든 미래 계획은 급작스럽게 진행되지는 않을 겁니다.

시음	색상	후각
노트	미각	여운

52

생산자	J.G. 톰슨 앤 컴퍼니
	(J.G. Thomson & Co. Ltd)
증류소	비공개
방문자센터	스카치 몰트 위스키 소사이어티(Scotch
	Malt Whisky Society, 혹은 SMWS), 더 볼츠
	(The Vaults), 리스(Leith, SMWS 멤버 전용)
구매처	주류 전문점
웹사이트	www.jgthomson.com
가격	▣▣▣

어디서	
언제	
총평	

J. G. Thomson J. G. 톰슨

블렌디드 몰트 레인지(Blended Malt Range)

기억력이 좋거나 위스키 역사에 관심이 있는 분들은 아시겠지만 J. G. 톰슨 앤 컴퍼니는 상당히 명망 있는 이름입니다. 1785년도에 번화한 리스 항구에서 시작한 이 회사는 이미 와인과 증류주 상인들 사이에서는 꽤 알려졌었는데, 세계대전 당시 사업을 크게 확장해 영국 최고의 위스키 블렌더 중 하나가 됩니다. 하지만 이들도 영국에 불어닥친 주류회사 통합의 물결을 막아내기엔 역부족이었고, 배스 사(역주: Bass 사는 당대의 메이저 양조사)에 합병됩니다. 하지만 결국 이마저도 시류가 지남에 따라 사업이 점점 축소되어 결국에는 도산하기에 이르렀고, 리스에 위치한 본사 건물은 결국 1983년 스카치 몰트 위스키 소사이어티(SMWS)에게 매각됩니다.

몇 년 후, 몇 번의 시행착오 끝에 SMWS는 AIM(역주: Alternative Investment Market은 영국 주식시장 중에서도 유망주, 혹은 기대주들이 상장되는 마켓)에 상장된 더 아티스날 스피릿 컴퍼니(The Artisanal Spirits Company)라는 작은 회사로 변신을 꾀하고, 이 회사는 J. G. 톰슨 브랜드를 다시 회생시키기에 이릅니다. 이 회사의 목표는 SMWS 멤버들보다 더 넓은 시장에 '크래프트 증류주'를 선보이는 데에 있습니다. SMWS는 하드코어한 위스키 애호가들로서 가장 열정적인 철도 마니아들조차 부끄러워할(극성 철도 마니아들은 강박적인 집착의 화신 그 자체입니다. 물론 이들이 입고 다니는 아노락은 멋집니다만. 역주: 아노락(Anorak)은 사회성이 부족하고 영미권에서 가장 하드코어한 마니아적 성향을 보이는 사람들을 조롱하는 투로 부르는 말. 옷에 대해 말하는 것처럼 하면서 놀리는 것) 일편단심의 헌신으로 위스키의 미세한 뉘앙스까지도 열정적으로 탐구하고 있으며, 스위트, 스모키, 리치라고 이름 붙여진 세 가지 블렌디드 맥아들을 입에 담기만 해도 격정에 비틀거리며 몸을 가누지 못할 정도의 대단한 위스키 성애자들입니다.

하지만 세상 사람들 모두가 이들처럼 이 내추럴 생산방식의 창조물에 순수한 헌신의 마음을 품고 있는 것은 아니기에, 윌리엄 그랜트의 에어스톤 제품군처럼(2번 참조) 이 세 가지 익스프레션들은 아마도 슈퍼마켓 블렌드 수준의 위스키에서 한 단계 업그레이드하고 싶은, 저렴하고 소량 배치로 생산된 자연 발색의 냉각 여과되지 않은 46% 정도의 알코올 도수를 찾고 있는 허세 혹은 전통의 '전' 자만 들어도 몸서리를 칠 만한 고객들에게 어필할 것 같습니다. 듣자 하니 이러한 키워드들은 젊은 층들이 위스키의 세계에 입문하는 걸 막는 진입장벽이라고 합니다.

회사에 의하면 '사람들을 새로운 발견으로 이끄는 여정을 제공'하는 게 이들의 목표라고 합니다. 저도 그 말에 동의합니다. 아마도 그 여정 끝에는 퀄리티와 가성비가 있을 겁니다. 그리고 저는 이들의 세 가지 블렌드 모두 마음에 듭니다.

시음	색상		후각	
노트	미각		여운	

53

생산자	코비 스피릿 앤 와인(Corby Spirit and Wine Ltd)
증류소	히람 워커, 윈저, 온타리오
방문자센터	있음
구매처	주류 전문점
웹사이트	www.jpwisers.com
가격	◼◻◻

어디서	
언제	
총평	

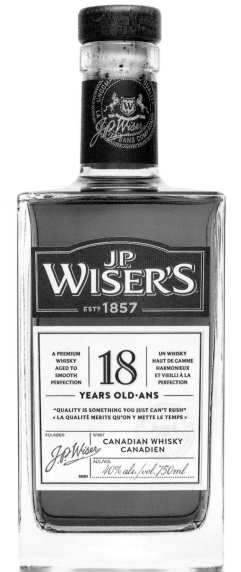

J. P. Wiser's J. P. 와이저스

18년

지난 개정판에서 이 제품을 소개할 때만 해도 이 술이 계속 이 정도 가성비를 유지하기는 너무 힘들지 않을까 걱정했습니다만… 이 글을 쓰는 시점에도 이 작지만 야무진 녀석이 아직도 50파운드 미만의 가격대에 거래되고 있습니다. 역시나 이미 몇몇 곳에서 반응이 오고 있습니다. 저는 마스터스 오브 몰트(Masters of Malt) 웹사이트에 올라온 이 익명의 리뷰가 특히 마음에 들었습니다(제가 잘 몰랐더라면, 혹시 제 책을 읽어본 게 아닌가 하고 착각했을 겁니다).

"블렌디드 위스키에는 코를 치켜드는 속물적인 몰트 애호가들도 이 녀석으로 천국을 맛볼 수 있을 겁니다. 18년 숙성의 이 술은 싱글 몰트에 비해 적당한 가격의 복합적인 풍미와 과실향을 듬뿍 머금었습니다. 이 가격이면 정말 거저입니다."

이 위스키의 가격은 위스키 수집과 '투자' 붐이 일기 전의 가격으로, 저처럼 툴툴거리는 늙은이도 심각한 가정불화를 일으키지 않고 이것저것 마셔볼 수 있을 가격입니다. 저처럼 평화로웠던 옛 시절을 추억하실 수 있으신 연배의 분들은 동조하듯 씁쓸한 미소를 지으실 것이고, 그렇지 않은 분들은 못 들어줄 정도로 아는 체 한다며 마음껏 저를 싫어하셔도 됩니다.

모두가 다 알다시피 제대로 된 위스키가 없다고 알려진 캐나다에서 생산된 녀석입니다. 하지만 캐나다 위스키에 대한 여러분의 견해는 재고할 필요가 있을지도 모릅니다. 왜냐하면 이 선입견은 전적으로 틀렸으며, 이곳에서 정말 멋진 녀석들을 건질 수 있으니까 말입니다.

일부 소규모 크래프트 증류소의 성공에 힘입어 코비(Corby) 같은 대기업들은 더욱더 흥미롭고 복합적이며 보물 같은 증류주를 선보이고 있습니다. '우수함은 다 그친다고 얻을 수 있는 것이 아니다'라는 문구가 라벨에 적혀 있는데, 마치 엄마들의 자식 교육 철학과도 같은 이 문장은 이쪽 업계에서도 통용되는 진실입니다. 다시 한번 말씀드리지만, 이 술은 18년 숙성입니다.

이 녀석과 같은 위스키들은 캐나다산 위스키의 놀라운 품질과 가치를 보여줍니다. 위스키의 더 넓은 저변에 관심을 가지지 않은 사람들에게만 이제 와서 놀라운 거라는 점 인정합니다. 몇몇 녀석들은 정말 제 선입견들을 재고하게 만들었으니까 말입니다.

이 바뀐 시각으로 인해 저는 곧 여기에 주문을 넣을 작정입니다. 레어 캐스크 시리즈 디서테이션(Dissertation) 한 보틀을 추가하거나, 7월 1일을 기리기 위해 만든 캐나다 데이(Canada Day, 43.4% 알코올 도수, 35파운드 미만)를 주문하면 실패하지는 않으실 겁니다.

시음 노트	색상		후각	
	미각		여운	

54

생산자	아이리시 디스틸러스(Irish Distillers Ltd), 페르노리카(Pernod Ricard)
증류소	미들턴, 코크 주
방문자센터	있음
구매처	주류 전문점
웹사이트	www.jamesonwhiskey.com
가격	

어디서	
언제	
총평	

Jameson 제임슨

18년

지난 개정판부터 이 녀석을 계속 리스트에 올리고 있지만, 저번에 경고했듯 2016년 이후부터 '가파른 가격 인상'이 계속되고 있다고 언질 드렸습니다. 지금쯤 몇 병 쟁여두시길 바랍니다. 왜냐하면 100파운드에 살짝 못 미치던 녀석은 지금은 150파운드가 넘는 가격에(보우 스트리트(Bow Street) 캐스크 스트렝스 에디션의 경우 그 이상에) 거래되며, 이 리스트에서 가장 고가의 위스키 중 하나입니다.

'리미티드 리저브(Limited Reserve)' 타이틀이 삭제되었고, 리패키징을 거쳐 화려한 새 상자와 라벨이 생겼습니다. 다행히도 도수는 46%로 올랐으며, 더 꽉 찬 질감, 더 부드러워진 맛과 한층 더 복합적이고 만족스러운 풍미와 더욱더 길어진 피니시를 자랑합니다.

합산해서 종합적인 판단하에 이 녀석은 합격점을 줄 수밖에 없었습니다. 출시 당시 저는 공식적으로는 은퇴하셨지만 아주 가끔 슈퍼 프리미엄을 출시할 때면 종종 다시 불려 오셔서 조언을 아끼지 않으셨던 아이리시 디스틸러스의 명예 마스터 디스틸러스, 고 배리 크로켓(Barry Crockett)과 이 위스키를 함께 시음하는 영광을 얻을 수 있었습니다. 그분은 아이리시 위스키의 거장 중한 분이셨습니다.

이 위스키가 출시되자마자 중요한 상들을 휩쓸었다는 사실은 이 녀석이 잠깐 스쳐 가는 녀석이아니란 점을 시사합니다. 엑스 버번 배럴과 셰리 배럴을 조합해서 사용했고, 퍼스트 필 엑스 버번 배럴에서 2차 숙성을 시켰습니다. 오래된 숙성연도의 위스키가 섞인 게 아닌가 싶을 정도로지나치게 우디하거나 힘이 달리는 느낌도 없이 훌륭하게 숙성되었으며, 제 생각에는 높아진 알코올 함량이 이 술의 균형미를 훨씬 높여줍니다.

미들턴 증류소의 규모와 다양성 그리고 메서드 앤드 매드니스(Method and Madness) 공장의 실험정신이 합쳐져 이곳에서는 매우 다양한 스타일의 위스키를 생산할 수 있습니다. 이 녀석은 제임슨 익스프레션 컬렉션에 포함되어 있으며, 종합적으로 평가했을 때 최근 몇 년 동안 오래전에이미 진행되어야 했을 아이리시 위스키 부흥의 주도적인 역할을 하고 있다는 점에 중요성이 있다고 생각합니다.

하지만 증류소 설립 200주년을 맞아 1,300만 유로를 투자해 2025년에 문을 열 예정인 방문자센터 증축계획도 발표되었으니 주목해 주십시오. 아주 좋습니다. 과연 이들이 자금을 어떻게댈지 궁금합니다…

시음 노트	색상	후각
	미각	여운

생산자	켄터키 아티산(Kentucky Artisan), 페르노 리카(Pernod Ricard)
증류소	켄터키 아티산, 크레스트 우드, 켄터키
방문자센터	있음
구매처	주류 전문점
웹사이트	www.jeffersonsbourbon.com
가격	□■

어디서	
언제	
총평	

Jefferson's 제퍼슨

베리 스몰 배치(Very Small Batch)

제퍼슨은 1988년 쳇 졸러(Chet Zoeller, 금주령 이전 시대의 버번 수집가이자 저술가)와 그의 아들 트레이(Trey)가 설립한 회사로, 그 무렵의 여러 유사한 업체들과 마찬가지로 작은 소포에 들어갈 만한 크기의 보틀을 조달함과 동시에 회사를 설립했습니다.

쳇 졸러 씨는 자신의 웹사이트 bourbonkentucky.net에서 다음과 같이 회상합니다.

"버번 커뮤니티에서 두 팔 벌려 우리를 환영해 줬다고 말씀드리고 싶지만, 실상은 정반대였습니다. 처음 몇 달 동안 우리는 몇몇 대형 경쟁사들로부터 연락을 받았는데, 패키징을 변경하지 않으면 대가를 치를 것이라는 경고를 받기도 했습니다."

하지만 이러한 이들의 접근법은 최상품의 증류주를 궁금해하는 소비자들에게 주목받았습니다. 트레이는 회사를 완전히 장악하여 2006년 말에는 회사를 매각할 수 있을 정도로 매출을 증가시켰습니다. 그 후 다시 주인이 바뀌었고 지금은 페르노리카 제국의 일부가 되었는데, 깨알 같은 글씨로 법률에 관한 구절이 적혀있기 때문에 웹사이트를 이 잡듯 세세히 살펴보지 않는 이상 이를 눈치채기는 어렵습니다.

하지만 CEO 트레이는 여전히 이곳에서 근무하고 있으며, 제퍼슨의 배럴 재고를 점검하거나 배럴을 바다에서 숙성시킨 오션(Ocean)과 같은 흥미로운 실험을 진행하고 있습니다. 다음으로는 루이스빌에서 오하이오강과 미시시피강을 따라 뉴올리언스를 거쳐 키웨스트를 거쳐 뉴욕까지 위스키를 뱃길로 운반하며 과거에 그랬던 방식대로 2차 숙성할 예정입니다. 업계에서는 오션이 '진짜' 버번이 아니라는 주장과 함께 반발이 있었던 것 같습니다. 하지만 오션의 맛은 일부 엄격한 전통주의를 지향하는 반대자들을 제외한 모든 사람을 설득하기에 충분했습니다.

그리하여 오늘날 제퍼슨에는 몇몇 캐스크 피니시들과 라이 버전을 포함한 실험적인 버번 익스프레션들이 있습니다. 그러나 적어도 유럽에서 가장 쉽게 찾을 수 있는 것은 매우 합리적인 가격의 정말 맛있는 엔트리 레벨 제품인 베리 스몰 배치입니다. 저는 이 제품이 장기간 흥행해야 한다고 생각합니다만, 페르노리카의 인수 이후 공급이 원활하지 않고 라벨이 변경된다는 말도 있습니다. 하지만 좀 더 실험적인 피니시의 보틀을 구하고 싶으시다면(금방 단종되고 재고가 적은 너석들의 경우) 미국 여행이 필요할 수도 있습니다.

시음	색상		후각	
노트	미각		여운	

생산자	디아지오(Diageo)
증류소	해당 없음 - 블렌디드지만 '브랜드 홈'은 스페이사이드의 카두(Cardhu)
방문자센터	더 조니 워커 익스피리언스, 프린스 스트리트, 에든버러
구매처	어디나 다 있습니다!
웹사이트	www.johnniewalker.com
가격	□■

어디서	
언제	
총평	

Johnnie Walker 조니워커
블랙 라벨(Black Label)

특유의 스모크향을 제가 그다지 좋아하지는 않지만, 초기 출시부터 지금까지 살아남은 몇 안 되는 위스키 중 하나입니다. 하지만 제가 느끼기로 최근 몇 년 동안 그 향이 많이 누그러진 것 같아서 점점 좋아지기 시작했습니다. 게다가 어쨌든, 가끔은 제 자신을 나무라가며 맛봐야 하는 희귀하고 고급스럽고 세련된 위스키를 모든 사람이 맛볼 수 있는 게 아니라는 사실을 상기해야 합니다. 전 세계 많은 사람에게 조니워커 블랙 라벨 한 병은 스타일과 세련미, 우월한 취향의 대명사처럼 여겨지며 최고로 권위 있고 고급스러운 브랜드입니다.

한 가지 확실한 것은 녀석이 30파운드 미만으로, 특히 같은 브랜드의 프리미엄 라인이 20,000파운드 이상을 호가하는 세상에서 점점 더 거저처럼 느껴지고 있다는 점입니다. 혹시나 헷갈리실까 봐 말씀드리자면 병당 가격이 말입니다.

블랙 라벨 블렌드는 1867년 알렉산더 워커(Alexander Walker)가 '올드 하이랜드 위스키(Old Highland Whisky)'를 출시할 때 검은색과 금색 라벨이 기울어진 독특한 사각형 병에 담아 출시했던 것에서 유래했습니다. 사각 모양의 병은 수출에 큰 도움이 되었는데, 그 모양 덕분에 주어진 공간에 더 많은 병을 적재할 수 있었고 운송 비용을 절감할 수 있었기 때문입니다. 전설은 단순한 아이디어에서 탄생했습니다.

하지만 녀석에게는 똑똑한 패키징보다 훨씬 더 좋은 무기가 있습니다. 블랙 라벨은 세계 시장에서 단순히 부와 지위의 상징이 아니라 많은 사람에게 프리미엄 블렌딩의 기준이 되었기 때문에 성공할 수 있었습니다. 블랙 라벨의 마스터 블렌더인 짐 베버리지(Jim Beveridge) OBE는 2021년 말에 은퇴하면서 엠마 워커(Emma Walker) 박사를 막중한 책임을 지고 '계속 걸어갈(Keep Walking)' 후임자로 맞이합니다(알고 보니 딱히 인적 관계는 없는 사이였습니다). 점점 더 많은 여성이 이 최고의 블렌딩 포지션을 맡고 있으며, 첫 느낌으로는 그녀가 이곳에서 훌륭한 일을 하리라고 보입니다.

브랜드의 주요 싱글 몰트 증류소 4곳에 위치한 방문자센터들은 물론이거니와, 소유주인 디아지오는 최근 에든버러 프린스 스트리트에 있는 오래된 백화점의 조니워커 익스피리언스에 1억 5천만 파운드를 썼습니다. 이곳의 전반적인 분위기는 미국의 놀이공원처럼 요란스러운 느낌을 연상시킵니다만, 하이볼과 반짝반짝 화려한 것이 취향이라면 아마 좋아하실 겁니다.

시음	색상	후각
노트	미각	여운

57

생산자	화이트 앤 맥케이(Whyte & Mackay), 엠페라도르(Emperador)
증류소	주라, 크레이그하우스, 아일 어브 주라
방문자센터	있음
구매처	주류 전문점
웹사이트	www.jurawhisky.com
가격	■ ■ ■

어디서	
언제	
총평	

Jura 주라

18년

주라는 사랑입니다. 위스키 얘기는 어찌 됐든 간에 잠시 미뤄둡시다.

야생동물이 사람보다 25대 1 비율로 많은 곳이 어디 있겠습니까? 백만 파운드의 현금을 단번에 불사르려면 또 어디로 갈 수 있겠습니까? 조지 오웰(George Orwell)처럼 20세기 최고의 영국 단편소설을 집필하면서 '연락 두절'되고 싶었다면 어디로 숨어들어야 하겠습니까? 그리고 개인 골프장에 5,500만 파운드라는 거금을 써재끼려면 또 어디로 가야겠습니까?

최근까지도 이곳 증류소들은 주변 지역이나 인근 아일라의 피트로 무장한 괴물들에 비교당하며 아름다운 풍광에 걸맞은 위상을 보여주지 못했습니다. 하지만 이제 모든 것이 바뀌었고 주라 싱글 몰트에 대한 재평가가 이루어질 때가 되었습니다. 이 엄청난 차이는 증류소의 오래된 재고 원액들을 재 여과하고(막대한 비용이 소요되는 작업), 다양한 상급의 캐스크를 사용하여 여러 독특한 새 익스프레션들을 내놓기 시작하면서부터 나타났습니다.

2014년에 소유주가 바뀐 것도 도움이 되었습니다. 이제 엠페라도르 제국(필리핀에 본사를 두고 있단 걸 알고 있었다면 1점 드리겠습니다.)에 속하게 됨으로써 브랜드와 증류소 모두에게 창의적이면서도 꽤나 장기적인 투자가 이루어졌습니다.

시그니처 시리즈는 이 맛있는 18년 숙성 익스프레션으로 정점을 찍었는데 아메리칸 화이트 오크로 만든 프리미어 그랑 크뤼 급 보르도 배럴에서 숙성되었습니다. 화이트 앤 맥케이의 열정적인 마스터 블렌더 리처드 패터슨(Richard Paterson) OBE는 엄청난 퀄리티의 캐스크를 만들어내는 데 평생을 바쳤으며, 지난 10년간 출시한 일련의 위스키들로 유명합니다.

이전에는 그다지 알려지지 않았던 이 증류소에서 생산되는 드라마틱하게 개선된 위스키들은 바로 지금 이 순간이 엄청난 바겐세일 기간이란 걸 암시합니다. 이 가격이 오래 지속되지는 않을 것 같으니 아직 연락 가능할 때 서둘러 구입해 두십시오(조지 오웰 씨 죄송합니다).

하지만 지난 개정판에서 '75파운드에 살짝 못 미치는 가격에 판매되고 있기에 숙성 기간과 품질을 봤을 때 눈여겨볼 만하다'고 썼기 때문에 이번엔 두구두구… 드럼 사운드 효과라도 넣어줍시다. 놀랍게도 제가 글을 쓰는 지금, 이 순간 60파운드가 조금 넘는 가격에 이 제품을 구매할 수 있습니다. 믿기 어려운 지경입니다. 이 정도면 거의 1984년도 가격입니다.

시음	색상	후각	
노트	미각	여운	

58

생산자	킹 카 코퍼레이션
	(King Car Corporation)
증류소	카발란, 위안산
방문자센터	있음
구매처	점차 다양한 구매처로 확장 중
웹사이트	www.kavalanwhisky.com
가격	▢▢▢

어디서 ....

언제 ....

총평 ....

....

....

Kavalan 카발란

디스틸러리 셀렉트 넘버원(Distillery Select No1)

지긋지긋한 위스키 '투자' 커뮤니티 여러분에게 지금이야말로 카발란의 초창기 출시작을 쟁여 두셔야 할 때라고 귀띔해 줘야 한다는 것은 생각보다 훨씬 속이 쓰라린 일입니다. 카발란은 이미 가격이 상승하고 있지만, 만약 여러분이 두둑해지는 엑셀 표에 쾌감을 느끼는 골룸(역주: J.R.R. 톨킨 소설 '반지의 제왕'에서 절대 반지를 소유하기 위해 살인까지 서슴지 않는 탐욕적인 캐릭터)이라면 솔리스트 제품군에서 무언가를 구매하시라고 말씀드리고 싶습니다. 그리고 창피한 줄 알고 고개를 숙이십시오. 이 위스키는 마셔주길 원하며 아우성을 치는 특별한 녀석이지만, 여러분의 사상이 나중에라도 고쳐진다면 언제든 녀석을 마셔볼 수 있을 테니 말입니다.

저는 스타일리시한 포트 캐스크 피니쉬의 맛있는 콘서트마스터(Concertmaster)를 한동안 편애한다고 밝혀왔지만, 카발란의 제품군 중 자신 있게 구매하기 꺼려진다거나 '즐겨 마신다'고 표현할 수 없을 만한 녀석은 없습니다(제가 강조한 부분 보이십니까?) 디스틸러리 셀렉트 넘버원은 엔트리 레벨이지만 50파운드가 조금 넘는 가격으로 저렴하다 볼 순 없으며 알코올 도수를 조금 더 높였더라면 더 괜찮을 뻔했습니다. 43% 혹은 46% 알코올 도수로 한번 마셔보고 싶습니다.

하지만 고작 2005년에 문을 연, 2008년까지는 위스키 제품군은 전무했던 증류소라는 점을 감안하면 이들의 품질은 놀랍습니다. 대만에서 훌륭한 위스키를 양조할 기회를 포착한 T.T. 리(Lee) 회장의 대담한 비전뿐 아니라, 2017년 2월 안타깝게도 작고한 명망 있는 고 짐 스완 박사와 초대 증류소 매니저이자 스완의 애제자 이안 창(Ian Chang) 두 사람의 공이 컸습니다. 창은 현재 자신의 컨설팅 회사를 운영하기 위해 사임하고 일본에서 증류팀을 이끌고 있지만, 이 둘은 함께 위대한 업적을 남겼습니다. 이 녀석은 스코틀랜드 위스키와 켄터키 위스키의 세계 무대에서의 한판 대결이 결코 녹록지 않음을 보여주는 단적인 예시입니다.

오늘날 카발란은 각종 메달을 휩쓸고 있는 괴물이며, 방문자센터는 이들이 쌓아 올린 수많은 트로피의 무게에 휘청거릴 지경입니다. 이 글을 쓰고 있는 동안에도 100개가 넘는 금메달과 10개의 업계 최고상을 받았으며, 국제 와인 및 주류 품평회에서 월드와이드 위스키 프로듀서 트로피를 벌써 세 번째 획득했습니다. 아직 구매하지 않으셨다면 지금 당장 달려가시는 걸 추천해 드립니다.

시음	색상		후각	
노트	미각		여운	

59

생산자   킬호만 디스틸러리(Kilchoman Distillery
            Co.Ltd)
증류소   킬호만, 아일라
방문자센터   있음
구매처   주류 전문점
웹사이트   www.kilchomandistillery.com
가격   ☐☐■■■

어디서 _____

언제 _____

총평 _____

_____

Kilchoman 킬호만

사닉(Sanaig)

만약 불법적으로 양조하던 문샤인(moonshine, 역주: 양조가 불법이던 시절 전통적으로 농가에서 몰래 증류하던 투박한 증류주로, 주로 숙성하지 않은 언에이지드 위스키 스타일로 만듦)을 제외한다면(오늘날 에는 몇몇 허술한 공장지대에 세워진 양조장들이 언제 사라져도 이상하지 않을 그리고 어쩌면 건강에도 나 쁜 보드카 이미테이션을 문샤인이라며 쏟아내고 있습니다) 이 녀석만큼 '전통적인' 양조법을 준수하는 녀석은 없을 겁니다(악동인 척, 트렌디한 척하는 크래프트 증류소가 밀고 있는 이미지와 실상은 꽤 다르 지 않습니까?).

규모 면에서 보면 루이스섬의 아빈 제리크(Abhainn Dearg)가 견주어 볼 수 있겠지만 킬호만은 오랫동안 스코틀랜드에 최초로 지어진 농장 규모의 증류소라는 타이틀을 유지해 왔으며, 아일 라 최초라는 타이틀을 124년 동안 지켜왔습니다. 오늘날에는 다른 나라에는 물론이고 아일라 에도 유사한 사업체가 몇몇 생겨나고 있지만, 킬호만은 시장을 개척한 선구자의 역할을 한 만큼 존경과 지지를 받을 만합니다.

위스키 애호가였던 앤서니 윌스(Anthony Wills)의 비전으로 2005년 건립된 킬호만은 2009년 첫 위스키를 출시했습니다. 이날은 자신의 꿈을 이루기 위해 수많은 역경을 극복한 윌스 씨에게도 감동적인 날이었습니다. 양조에 사용된 보리는 전부 직접 농장에서 재배하고, 직접 플로어 몰팅 을 하고, 직접 숙성시킨 후, 완성된 위스키를 아일라에서 직접 병입합니다. 실제로 이제 킬호만 은 곡물 재배, 몰팅, 증류, 숙성, 및 병입 등 전 공정을 아일라에서 진행한다고 자랑스럽게 말할 수 있는 100퍼센트 아일라 산 위스키를 리미티드 에디션으로 내놓을 수 있게 되었습니다.

그러나 이런 보물을 구하는 것은 당연하게도 매우 어렵기 때문에 저는 이들의 다른 익스프레션 들과는 달리 항상 넉넉한 재고가 있고, 오늘날 크래프트 증류소 기준으로 매우 저렴한 사닉에 주목했습니다.

녀석은 증류소 북서쪽에 있는 작은 바위 동굴의 이름을 따서 명명되었습니다. 셰리 캐스크 에이 징을 하는데, 그중에서도 주로 호그헤드(hogsheads, 역주: 250리터들이) 사이즈의 올드 올로로소 캐 스크를 사용해 부드러운 피트향과 달콤한 시트러스향이 함께 증류주에 깊이와 파워를 더했습니 다. 이곳을 꼭 한번 방문해 보십시오. 위스키 한잔 손에 쥐고 밀려오는 파도와 바람에 나부끼는 머리카락을 느끼며 마키어 베이의 해변을 거니는 것보다 더 기분 좋은 일은 없을 것입니다.

시음	색상	후각
노트	미각	여운

60

생산자   킹스반스 컴퍼니 오브 디스틸러스
          (Kingsbarns Company of Distillers Ltd)
증류소   킹스반스, 노스 세인트 앤드류스, 파이프
방문자센터   있음
구매처   주류 전문점
웹사이트   www.kingsbarnsdistillery.com
가격   ☐☐☐

어디서

언제

총평

Kingsbarns 킹스반스

드림 투 드람(Dream to Dram)

이런이런, 제가 틀린 게 하나 더 있었네요. 물론 단편적으로 말입니다. 왜냐하면 제가 회의적인 시각으로 바라보았던 건 결국 시작조차 못 한 이들의 초기 계획이기 때문입니다. 위스키를 사랑하는 세인트 앤드류스 출신의 한 골프 캐디가 처음 제안한 이들의 계획은 태즈메이니아 출신의 업계에서도 누군지 잘 모르는 사람의 조언을 받아 가며 위스키 전통이 전혀 없는 지역에 위치한 (거의 폐허나 다름없지만 매물은 나와 있어 복원하는데 더럽게 많은 돈이 들어갈) 노후한 농장 건물에 호주산 전력 가동식 장비들을 들여 증류소를 짓자는 것이었습니다. 물론 이 모든 비용은 당연히 크라우드 펀딩으로 충당할 것이었습니다.

왜 이 계획이 시작하기도 전에 바로 고꾸라졌는지 저는 정말 모르겠습니다. 하지만 위스키 붐이 일면서 실행할 수 있는 수준의 제안들이 싹트기 시작했고, 성공적인 독립 양조업체인 위미스 몰츠(Wemyss Malts)의 사람들이 적극적으로 수정안을 받아들였습니다. 소유주는 1300년대부터 인근 위미스 성에 기거하던 부유한 지방 귀족 가문으로 때마침 운 좋게도 문 닫은 증류소를 하나 인수할 작정이었습니다.

자신들의 부지 바로 앞에 증류소를 짓는다는 아이디어에 반한 위미스는 프로젝트를 인수하고 돈으로 살 수 있는 가장 노련하고 경험 많은 증류 전문가들인 고 짐 스완 박사와 이안 팔머(이 사람이 누군지 자세한 내용은 51번 인치데어니편을 확인하십시오)를 영입했습니다.

그들은 가볍지만 복합적인 풍미의 로우랜드 싱글 몰트를 만들어 내는 작지만 우아한 증류소를 탄생시켰습니다. 2015년 3월에 첫 증류를 시작했고, 2018년 말 첫 싱글 몰트인 드림 투 드람이 출시되었습니다.

100% 현지 보리를 사용하여 천천히 그리고 정성스럽게 증류해 내고, 초기에는 짐 스완이 손수 선택한 최고급 캐스크에서 숙성시킨 후 색소 첨가나 냉각 여과 없이 실한 46% 알코올 도수로 병입되었습니다. 가벼운 바다감에 과실향을 가지고 있지만, 좀 더 최근에 출시된 자매 브랜드 발코니(Balconie)에서도 알 수 있듯 아주 멋지게 숙성될 것으로 보입니다. 매년 한정판으로 출시되는 더 높은 스트렝스의 패밀리 리저브(Family Reserve)와 소량 출시되는 싱글 캐스크 보틀링도 있습니다.

매력적인 방문자센터, 함께 운영되는 진 증류소, 오래도록 소유할 가족 소유주가 있는 킹스반스는 위미스의 자신감과 비전에 걸맞게 장기적인 성공을 위한 모든 준비를 마쳤습니다.

시음 노트	색상	후각
	미각	여운

61

생산자	큐로 디스틸러리
	(Kyrö Distillery GmbH)
증류소	이소큐로, 오스트로보트니아
방문자센터	있음
구매처	주류 전문점
웹사이트	www.kyrodistillery.com
가격	■□□□□

Kyrö 큐로

몰트 라이(Malt Rye)

요즘에는 인기가 좀 떨어진 것처럼 보이는 노키아 핸드폰을 제외하고서라도 최근 핀란드에서 괜찮은 제품들이 많이 출시되고 있습니다. 특히나 고급 증류주를 사랑하는 사람들에게는 말입니다.

큐로는 2014년에 같이 사우나를 즐기던 다섯 명의 친구들에 의해 설립되었으며, 다수의 수상 경력을 보유한 진으로 더 잘 알려져 있을 것입니다. 그들의 웹사이트와 비디오에서 비춰 보건대 그들이 탈의하는 것에 약간 집착하는 것처럼 보일 수 있지만, 그것은 상대적으로 덜 알려진 이 나라에 대한 우리의 진부한 선입견일 뿐입니다. 혹여 핀란드인에 대한 우리의 선입견이 영리하게 타파되는 걸 보고 싶다면 이들의 몰트 라이 론칭 비디오를 시청해 보기를 권합니다. 비디오에 수염이 덥수룩한 누드의 남성을 특히 주시해 보시죠(실제 공동 설립자인 미카 리피라이넨(Miika Lipiainen)인데 이상하게도 벌거벗은 괴짜 인디언같이 나왔습니다. 영화 '웨인스 월드 2'의 팬분들을 위해 한마디 적었습니다). 2분 30초 길이의 비디오에 핀란드에 대한 거의 모든 클리셰를 꽉꽉 채워 넣은 동시에 자사의 전 제품을 거기에 전부 연결 지어서 보여줍니다. 그들이 꽤나 수완 좋게 표현하기도 했고, 무엇보다 비디오가 유쾌하기 때문에 핀란드인들은 모두 과묵하고 내성적이라는 우리의 안온한 선입견을 산산조각 내버려도 기꺼이 눈감아주기로 합시다.

EU 진출에 대한 산업 규제완화에 따라 핀란드 증류 산업은 근 20년간 괄목할 만한 진전을 이루었고 최근에는 매우 인상적인 제품들이 렘민캐이넨(Lemminkainen) 지역에서 생산되고 있습니다. 이 보틀로 말할 것 같으면 47.2% 알코올 도수로 100% 핀란드산 통밀 호밀로 만들어졌고, 새 미국산 오크통에서 숙성되었습니다. 여러분이 핀란드가 자작나무 숲으로 빼곡한 영영 햇볕이라곤 들지 않는 우중충한 동네라고 생각했다면 이를 믿지 못할지도 모르겠지만(실은 그런 면이 없지 않아 있습니다) 상당한 양의 고품질 호밀과 보리가 이곳에서 재배됩니다. 정부가 여전히 모든 증류주의 소매 판매를 통제하고 있다지만 이곳의 양조 및 증류 산업의 출현 및 부흥은 놀랄 만한 일은 아닙니다.

멋들어지게 혀를 꼬는 핀란드어는 우리에게 '집에 가서 속옷 차림으로 하릴없이 술에 취하는 것'으로 번역되는 칼사리케니트(kalsarikännit)를 주었습니다. 심지어 이를 위해서는 사우나도 필요 없습니다.

시음 노트	색상		후각	
	미각		여운	

62

생산자	라 마티니퀘즈(La Martiniquaise)
증류소	해당 없음 - 블렌디드 위스키
방문자센터	없음 - 글렌 마레이에 방문자센터가 있음
구매처	일부 영국 슈퍼마켓; 프랑스에서는 다양한 유통 경로
웹사이트	www.label-5.com
가격	☐

어디서

언제

총평

Label 5 라벨 5

클래식 블랙(Classic Black)

이전 개정판에서 녀석을 소개했다가 저는 소셜 미디어에서 키보드 워리어들로부터 맹비난을 받았습니다. 그러나 좋은 위스키를 찾아내는 과업을 이루기 위해서라면, 프랑스 슈퍼마켓 진열대 터줏대감인 이 녀석이 가끔 영국에서 발견될 때 결코 무시할 수 없기에 여기 다시 한번 소개합니다. 사실, 위스키 애호가들이라면 들어 보았을 법한 라벨 5는 연간 250만 상자 이상의 판매고를 올리는 세계 10대 베스트셀링 스카치위스키 중 하나이며, 이는 여러 유명 브랜드도 부러워하는 기록입니다.

물론 그것이 이 위스키가 우수하다는 증거는 아니며, 더 좋은 위스키가 없다고 주장하는 것도 아닙니다. 그러나 상당한 가성비를 지닌 것은 사실이며, 보틀당 15파운드라는 가격은 너무 환상적이어서 거부하기 쉽지 않습니다. 프랑스 회사 라 마티네쿼즈는 1969년에 처음 녀석을 출시했습니다. 물론 그렇게 인지도가 있는 기업은 아닐지 모르지만, 이 가족기업은 1934년 이래로 경영권을 유지하면서 10억 유로 이상의 매출을 기록하고 1,600명 이상의 임직원을 보유한 프랑스에서 두 번째로 큰 증류주 기업을 이루었습니다. 인상적인 업적입니다.

2004년에는 배스 게이트 근처에 블렌딩 및 병입 작업을 위해 첨단 그레인 증류소를 개장했고, 이후 글렌 마레이 증류소(37번 참조)를 사들이고 확장했으며, 최근에는 커티삭(25번 참조)을 사들여 호기롭게 재출시하는 등 스코틀랜드에 많은 투자를 해 왔습니다. 가독성이 좋고 검색 인터페이스가 잘 갖춰진 라벨 5의 웹사이트는 스카치위스키와 블렌딩에 대해 간략하게 안내하고 있습니다.

저는 잘 만든 위스키 칵테일을 아주 좋아하기 때문에, 돈으로 살 수 있는 최상품의 위스키를 넣어야 칵테일 안에서도 특유의 풍미가 오롯이 느껴진다고 믿는 사람들이 있음을 알고 있습니다. 하지만 반면에 좀 더 튀지 않는 은은한 스타일을 선호하는 사람들도 있습니다. 칵테일 마니아들은 동의하지 않을지 모릅니다만, 그리고 저도 가장 트렌디하다는 칵테일 바에서 이 녀석을 발견하는 것을 기대하지 않지만, 저 같은 캐주얼한 방구석 바텐더에게 라벨 5는 재미는 그대로 살려주면서도 실패할 확률, 비용, 그리고 칵테일을 조제하는데 드는 막연한 두려움은 없애주는 녀석입니다. 만약 운 좋게도 싱글 그레인, 라벨 5 버번 배럴을 우연히 발견한다면, 당장 녀석을 진열대에서 집어 드십시오. 이상입니다.

| 시음 | 색상 | 후각 |
| 노트 | 미각 | 여운 |

63

생산자	디아지오
	(Diageo)
증류소	라가불린, 아일라
방문자센터	있음
구매처	주류 전문점
웹사이트	www.malts.com
가격	

어디서	
언제	
총평	

Lagavulin 라가불린

8년

2016년은 라가불린이 창립 200주년을 기념하는 뜻깊은 해였습니다(비록 1742년이 새겨진 패키징을 어딘가에서 본 것 같지만 말입니다). 어찌 됐든, 오래된 업장이란 건 매한가지입니다.

1880년대 알프레드 버나드가 이곳을 들렀을 때 '매우 훌륭하다'라고 기술했던 라가불린의 숙성 연도가 8년이었기에, 이 녀석은 처음에 200주년을 기념한 8년 숙성 한정판 익스프레션으로 출시되었습니다. 초기에는 16년 숙성과 거의 같은 가격에 출시되어서 SNS에서 악평이 넘쳐났지만, 이후 코어 제품군에 추가되었으며 가격은 약간 내려갔습니다. 이렇게 작은 자비라도 남겨준 것에 감사합시다.

라가불린은 "전례를 찾아볼 수 없는 인지도"를 구가하고 있습니다. 앞선 문장은 1930년에 아이네아스 맥도널드(Aeneas MacDonald)의 저서에서 발췌한 구절인데, 그때 이후 녀석의 명성은 더욱 높아지면 높아졌지 낮아지지는 않았습니다. 강한 페놀향의, 피트향 짙은 아일라 위스키를 추종하는 팬들에게는 이 위스키가 무조건 최우선 순위이겠습니다만, 짭짤한 풍미를 선호하는 아드벡(5번 참조) 추종자들도 만만찮게 열성적입니다.

세간의 평은 갈리는 편입니다. "불을 지필 때만 사용하고, 마시지는 마세요"라고 마스터스 오브 몰트 사이트의 한 고객 리뷰는 이렇게 신랄하게 시작하여, "자벡스(Javex, 강력한 미국산 표백제 브랜드명. 절대 마시면 안 됩니다) 향이 코를 찌르고 거기에다 석유향을 끼얹은 듯 불쾌한 잔향이 입안에 계속 맴도는데 마치 독극물이라도 마신 것 같다"라며 이어 설명합니다.

조심스레 추측해 보건대, 아마 이 논평가도 저처럼 우악스럽게 피트향이 강한 위스키를 좋아하지 않는 것 같습니다. 후에 같은 사이트에서 또 다른 한 팬은 "강인한 피트향이 한바탕 휘몰아친 후에도 꽤 여운이 남는 편입니다. 진한 피트향을 감당하지 못하는 사람들은 조심하십시오."라고 댓글을 달았습니다. 이렇게 의견이 분분하기에 이 녀석에게 점수를 매기기 힘듭니다만, 분명 제가 주의를 주고자 하는 바를 다들 알아들으셨을 겁니다.

2018년 디아지오의 글로벌 몰츠 홍보대사는 '아름답도록 녹진한 최고급 핫 초콜릿에 8년 숙성 라가불린을 듬뿍 넣고, 크림을 살짝 얹은' 라가불린 핫 초콜릿을 추천한 바 있습니다.

2016년에 25년 숙성 8,000병이 출시 당시 800파운드에 공급되었는데, 현재는 4,000파운드는 지불해야 구입할 수 있습니다. 거기에 아마 샤르보넬 에 워커(Charbonnel et Walker)의 우아한 핫 초콜릿 한 통 가격으로 10파운드 지폐 한 장은 추가로 따로 빼두셔야 할 겁니다.

시음	색상		후각	
노트	미각		여운	

64

생산자	빔 산토리
	(Beam Suntory)
증류소	라프로익, 아일라
방문자센터	있음
구매처	다양한 유통경로
웹사이트	www.laphroaig.com
가격	▢▢

어디서	
언제	
총평	

Laphroaig 라프로익

퀴터 캐스크(Quarter Cask)

다국적 대기업인 짐 산토리가 소유권을 가지고 있는 보모어(Bowmore)의 자매 증류소인 라프로익은 호불호가 갈리는 아일라 위스키의 원조 격입니다. 로스시 공작(Duke of Rothesay, 웨일스의 왕자 전하로도 알려진)은 아주 유명한 팬인데, 녀석에게 왕실 보증서를 수여하기도 했습니다. 1934년, 작가 제임스 휘터커(James Whittaker)는 라프로익을 '아주 더럽고 비참한 곳'으로 회상했습니다. 그러나 브랜드 웹사이트에 게재하기 위해 라프로익에 관해 설명해 달라는 요청을 받았을 때, 두 명의 쾌활한 현지 여성들은 '킬트를 입고 늪지를 누비는 강인한 남자'를 떠올리게 한다고 답해주는 등 의견은 분분합니다.

퀴터 캐스크 병입은 더 작은 캐스크들이 증류주 숙성에 사용되었던 100여 년 전에 유행했을 법한 위스키 스타일을 재현하려는 아주 멋진 시도입니다. 이는 당시 양조업에서 퍼킨(firkins, 9갤런 또는 약 41리터 용량)이 많이 사용되어서 비교적 구입이 자유로웠기 때문이거나, 작은 캐스크가 대중들에게 판매하기 좀 더 용이했기 때문이기도 하며, 또는 당시 증류 업자들이 낭만적으로 마케팅했듯이 밀수업자들이 운반하기 쉬운 크기였기 때문입니다! 아마도 세 가지 모두가 나름의 이유가 되었을 것입니다.

그러나 중요한 점은 위스키는 작은 통에서 더 빨리 숙성되며 캐스크 우드가 위스키에 더 많은 영향을 미친다는 점입니다(증류 업자들에 의하면 30% 이상). 거기다가 전통적인 방식에 따라서, 라프로익은 냉각 여과를 하지 않고 48%의 꽉 찬 알코올 도수로 병입한다고 하니 가히 칭찬할 만합니다.

그 결과, 적어도 제 견해로는 10년 스탠더드 숙성(40% 알코올 도수) 버전에 커다란 진전이 있었는데, 더 둥글고 더 생생하며 더 풍성하고 더 달콤해졌습니다. 라프로익에서 기대할 만한 모든 것 그리고 그 이상입니다. 라프로익이 짭짤하고, 피트향이 나고, 페놀향의 풍미 좋은 클래식한 아일라 몰트 스타일을 대표할 만한 훌륭한 녀석인 건 알고 있지만, 저는 개인적으로 라프로익이 너무 과하다고 생각합니다. 물론 동의하지 않으셔도 좋습니다.

저는 단지 2021 국제 와인 및 증류주 경연 대회의 심사위원들이 오크 피니시, 포 오크 그리고 표준 숙성 10년 제품들보다 이 퀴터 캐스크를 선호했다는 점을 주목했으며, 적어도 이번만큼은 옛 방식이 정말로 최고였음을 증명한다고 생각합니다.

시음	색상		후각	
노트	미각		여운	

65

생산자	더 린도어스 디스틸링(The Lindores Distilling Co.Ltd)
증류소	린도어스 애비, 뉴버그, 파이프
방문자센터	있음
구매처	주류 전문점
웹사이트	www.lindoresabbeydistillery.com
가격	☐☐☐

어디서	
언제	
총평	

Lindores 린도어스

MCDXCIV

오래전, 그러니까 1494년 어느 날, 어쩌면 꽤 따분한 나날을 보내고 있던 한 서기가 스코틀랜드 중세 궁정 국고록(일종의 왕실 회계장부)에 라틴어로 린도어스 수도원의 존 코르(John Cor) 수사에게 아쿠아 비테(Aqua Vitae, 생명의 물이라는 뜻의 라틴어로 증류주를 일컫는 말)를 만들기 위해 맥아 8볼(bolls)을 보냈다는 기록을 남겼습니다. 실제로 아쿠아 비테를 마셨는지는 확실하지 않지만(제임스 4세의 화학 및 의학 실험을 위해, 또는 화약의 성능을 향상하거나 방부액을 만들기 위한 것이었을 수도 있습니다. 오늘날에는 보드카가 사용됩니다), 이 짧막한 글 한 줄 덕분에 린도어스는 스카치 위스키의 본고장으로 널리 알려지게 됩니다.

실제로도 기록상의 양을 보면 8볼은 오늘날 증류소가 약 1,500 보틀을 증류하기에 충분한 양의 맥아이므로 5세기 전에 이곳에서 일종의 수제 증류 작업이 있었다는 데에는 동의할 만합니다. 이와 같은 견해가 업계와 오늘날 증류소 소유주들이 대중들에게 주장하고자 하는 바이고, 저 역시 거기에 이의를 제기할 만큼 무례하지는 않습니다.

한 가지 상기시켜 드리자면, 1559년경 존 녹스(John Knox)가 이끌던 종교개혁 폭도들은 이곳의 모든 것을 파괴했고, 부지의 현 소유주인 맥켄지 스미스(McKenzie Smith) 가문이 2017년 12월 이곳에 멋들어진 증류소와 방문자센터를 짓고 증류를 시작하기 전까지는 아무도 린도어스를 주목하지 않았습니다. 훌륭하게도 그들은 최소 5년이 될 때까지 위스키를 출시하지 않기로 했습니다(그리고 놀라운 자제력을 발휘하여 진을 만들지도 않았습니다). 자, 이제 우리 수중에는 MCDXCIV가 있습니다(더 설명할 필요가 있습니까?). 저는 이 매우 즐겁고 독특한 로우랜드 싱글 몰트를 기다릴 만한 가치가 있다고 확신합니다. 수도원 유적의 유물들을 둘러볼 수 있는 작지만 우아한 방문자센터가 있으며, 파이프(Fife) 지방에서 가장 쾌적하고 한적한 여행을 즐길 수 있습니다.

증류소를 방문하는 동안 이 책에 자주 등장하는 인물이며, 린도어스 사업체의 설립을 도운 증류업계의 전설적인 인물인 짐 스완 박사의 삶과 업적을 기념하는 사려 깊은 전시물에 주목하세요. 그는 살아생전 그 어떤 늙은 수도사보다 증류에 대해 더 방대한 지식을 가지고 있었습니다.

시음	색상		후각	
노트	미각		여운	

66

생산자	로크 로몬드 그룹
	(Loch Lomond Group)
증류소	로크 로몬드, 알렉산드리아, 던바턴셔
방문자센터	없음
구매처	주류 전문점
웹사이트	www.locklomondwhiskies.com
가격	

어디서	
언제	
총평	

Loch Lomond 로크 로몬드

피티드 싱글 그레인(Peated Single Grain)

그 자체만으로도 특이한 사업장인 로크 로몬드 증류소에는 정말로 색다르고 특이한 장비가 있습니다. 엄청 커다랗고 특별히 예쁘게 생기지도 않았으며 다양한 종류의 제품을 만듭니다. 그 중에서도 보드카를 특히 많이 만듭니다. 호수가 가득 찰 정도로 엄청 많은 양을 말입니다.

최근까지도 증류소는 분명 주목받지 못했습니다. 웹사이트도 없었고, 방문객 접근도 허락되지 않았으며(아직도 허락되지 않습니다), 소유주들은 세상의 이목을 피하리라는 분명한 경영철학을 갖추고 있었습니다. 주로 저가 위스키를 출시했지만, 그 이상의 값어치를 톡톡히 하는 제품들이었습니다. 호들갑 떨지 않고 조용히 그리고 많이도 팔아치웠습니다. 예를 들면, 하이 커미셔너(High Commissioner)는 1리터에 20파운드도 안 되는 매우 저렴한 가격이지만 그 가격대에서 자연히 예상하게 되는 거친 품질의 제품이 전혀 아니었습니다.

이 증류소의 엄청난 특이점은 다양한 증류기를 혼합해 사용한다는 것입니다. 단식 증류기, 로몬드 증류기 그리고 연속 증류기를 섞어 씁니다. 그 결과, 적어도 이론적으로는 자급자족이 가능하며 주류 스카치위스키 생산 방식과는 전혀 별개의 존재로서 오롯이 존재할 수 있게 되었습니다. 이들은 또한 매우 혁신적인데, 몇 년 전 로크 로몬드는 100퍼센트 발아 보리 매시를 연속 증류기로 증류한 후 이를 몰트 위스키로 인정해야 한다고 주장했습니다. 하지만 스카치위스키 협회는 이들의 주장을 받아들이지 않았습니다.

2019년에 새로운 소유주가 들어오며 몇 가지 변화를 불러왔습니다. 소유주들은 캠벨타운에 있는 글렌 스코샤 증류소에 투자했을 뿐 아니라(38번 참조) 마지막으로 남은 장기 숙성 재고는 판매되었으며, 새로운 마스터 블렌더가 임명되었고, 다양한 로크 로몬드 싱글 위스키들이 출시되었습니다.

이 싱글 몰트들은(종류가 엄청 다양합니다) 여러분이 이제까지 마셔보았던 것 중 최고의 위스키는 아닐지 모르지만, 재구매할 만한 가치가 있습니다. 그러나 위스키 애호가로서 정말 괜찮은 녀석을 마셔보고 싶다면 이들의 피티드 싱글을 마셔보십시오. 100퍼센트 맥아 보리로만 만들어졌을 뿐 아니라(앞서 말씀드렸듯이 굉장히 특이한 겁니다), 피트향을 입힌 곡물을 많이 사용하여 원액을 퍼스트 버번 캐스크와 리필 버번 캐스크에서 숙성시켜 46% 알코올 도수로 병입했습니다.

30파운드 정도 여윳돈이 있다면 시도해 보지 않을 이유가 있을까요?

시음 노트	색상		후각	
	미각		여운	

생산자	로스트 스피리츠
	(Lost Spirits Company)
증류소	로스트 스피리츠, 로스앤젤레스, 캘리포니아
방문자센터	에어리어 15, 라스베이거스
구매처	주류 전문점
웹사이트	www.lostspirits.net
가격	□□■

어디서	
언제	
총평	

Lost Spirits 로스트 스피리츠

어보미네이션 레인지(Abomination Range)

증류소들이 캐스크 장기 숙성이 가져오는 이점을 깨달은 이래로, 사람들은 숙성 속도를 높이기 위해 부단히 노력해 왔습니다. 쿼터 캐스크를 사용하거나, '소닉 에이징'(sonic aging, 숙성 통에 랩 음악을 틀어 주는 것)을 시도하거나, 혹은 캐스크에 나무막대나 나무 칩을 추가하는 등 다양한 시도들이 있었습니다. 압력에 차이를 주거나 온도 관리를 통해 난제를 해결한다는 소문도 돌았지만, 이 문제의 해법을 완벽히 제시한 이들은 없습니다.

스위스 회사인 세븐 실즈(Seven Seals)는 스위스 위스키로 이 부분에서 꽤 성과를 냈다고 하는데 (네, 스위스에도 위스키가 있습니다) 남부 아일랜드에서 사업을 시작할 예정이라는 소문이 돌고 있습니다. 그런가 하면 가끔씩 출몰해서 원액 또는 정제된 증류주의 목재 숙성을 가속하는 저온 융합 반응기를 개발했다고 주장하는 노블AB(NobleAB) 그룹도 존재합니다. 그동안 별다른 뚜렷한 성과는 없었지만, 사실 위스키 업계는 19세기말부터 인공 숙성을 연구해 왔습니다. 미래에는 어떤 결괏값이 나올지 아무도 모르는 겁니다.

그렇기에 로스앤젤레스의 브라이언 데이비스(Bryan Davis)의 THEA(Targeted Hyper-Esterification Aging, 표적 과에스테르화 숙성) 반응기는 몇 년간 캐스크 안에서 숙성한 증류주들이 갖는 화학적 특징과 맛을 복제하는 기술로 증류 산업 혁신을 이룩하려는 시도이자 주목해 볼 만한 새로운 도전입니다.

간략히 설명하자면, 미숙성 증류주로 가득 찬 유리관 안에 담겨있는 오크 칩을 고강도의 빛과 열에 노출하는 방식으로 작동합니다. 빛에 노출되면 향을 내는 핵심 화합물이 추출되어 새로운 화합물이 형성되는데, 이것을 분석하여 숙성 나이와 기원이 알려진 대조 샘플과 비교했을 때 숙성된 위스키와 놀라울 정도로 유사하다고 합니다.

현재, 로스트 스피리츠는 그들의 어보미네이션(Abomination) 제품군에서 두 가지 '위스키'를 선보이고 있으며. H. G. 웰스의 소설 '닥터 모로의 섬(The Island of Dr Moreau)'에서 따온 크라잉 오브 더 퓨마(Crying of the Puma)와 세이엇 오브 더 로(Sayers of the Law) 같은 말도 안 되는 이름들을 사용하고 있습니다.

지난 개정판 이후 가격이 내려갔습니다. 꽤 구미가 당깁니다. 엄밀히 따지자면 위스키가 아니기 때문에 이 리스트에 포함될 자격이 있는지는 논쟁의 여지가 있습니다... 하지만 이 책은 이제 여러분의 책이니 여러분이 결정하십시오!

시음	색상		후각	
노트	미각		여운	

68

생산자	코비 스피릿 앤 와인(Corby Spirit and Wine Ltd)
증류소	히람 워커, 윈저, 온타리오
방문자센터	있음
구매처	주류 전문점
웹사이트	www.corby.ca
가격	◻◼

어디서	
언제	
총평	

Lot №40 로트 넘버 40

이 녀석을 리스트에서 제외하려던 찰나에 녀석이 얼마나 좋은 위스키인지를 다시 한번 상기하게 되었습니다. 더욱 중요한 점은 한때 녀석을 없애버릴지 고민하던 브랜드 소유주들이 이제는 거의 전설적인 이 캐나다 라이 위스키를 밀어줄 뿐만 아니라, 코어 제품군에 영구적으로 추가하고 일부 한정판에서도 녀석으로 이것저것 실험해 보고 있다는 사실을 눈치채게 되었다는 것입니다. 이는 매년 출시되는 캐스크 스트렝스, 매우 한정된 수량의 피티드 쿼터 캐스크, 그리고 가장 최근에 만들어진 다크 오크 스타일까지 포함한 것입니다. 그러니 캐나다 위스키가 고리타분하다는 생각은 잊어버리십시오. 라이 위스키는 전통적인 스타일의 위스키이지만 최근 몇 년 동안 새롭게 재탄생되고 있으며, 다른 그 어떤 증류주보다 위스키의 세계를 신선하고 흥미진진하게 만들어 주는 혁신과 실험의 바람을 몰고 오고 있습니다.

더군다나, 같은 말을 계속 반복해서 지겨우시겠지만, 이 위스키와 코비 스피릿의 다른 제품들(53번 J. P. 와이저스 18년 숙성을 보십시오)의 가치는 가격 측면에서, 특히 43% 알코올 도수라는 점에서 위스키가 저렴했던 옛 시대의 가격이나 다름없습니다. 이들도 가격을 올리고 싶을 테지만 세상이 이들의 우수성을 알아봐 주지 못했던 것이 우리에게 호재로 작용했습니다.

기술적으로 봤을 때도 녀석은 인상적입니다, 왜냐하면 다른 곡물이 혼합되지 않으면 까다롭기로 악명 높은 100퍼센트 호밀로 매시 빌이 구성되어 있었기 때문입니다. 본래의 1998년 레시피를 약간 진전시킨 코비의 마스터 블렌더인 돈 리버모어(Don Livermore) 박사는 확실히 맛의 공식을 깨우친 듯한 노련함으로 과일향과 스파이시한 풍미가 일품인 위스키를 탄생시켰습니다. 연속식 증류기로 초기 원액을 추출한 후 단식 증류기에서 풍미를 농축하면서 12시간 동안 증류하는데, 묵직한 바디감에 스모키한 단맛 그리고 깔끔하고 산뜻한 여운을 남기는 위스키가 탄생합니다.

아마도 유럽 시장보다는 북미 시장에서 더 인정받고 찬사 받는 라이 위스키는 칵테일 재료로 매우 적합하지만, 저는 이 녀석을 그 자체로도 마시기 좋은 매력적인 술이라고 추천하기에 주저하지 않습니다. 하지만, 칵테일 음용을 선호하신다면 킬러 맨해튼이나 올드 패션드를 추천하며, 증류소에서는 이들을 애플 크럼블이나 버터 타르트(우리에겐 생소한 캐나다 음식인데 무척이나 달고 기름지다고 합니다) 같은 디저트와 페어링 하는 걸 추천했습니다.

시음	색상	후각
노트	미각	여운

69

생산자	맥칼로니스 칼레도니안 디스틸러리 앤 투 독스 브루어리(Macaloney's Caledonian Distillery & Twa Dogs Brewery)
증류소	맥칼로니스 칼레도니안, 사니치, 그레이터 빅토리아
방문자센터	있음
구매처	주류 전문점
웹사이트	www.victoriacaledonian.com
가격	▢▢▢▢

어디서

언제

총평

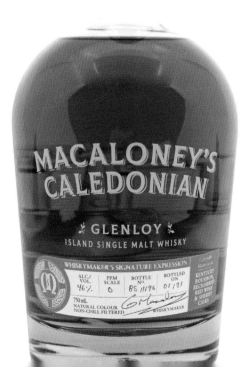

Macaloney's Caledonian

맥칼로니스 칼레도니안

글렌로이(Glenloy)

지금 당장은 북미 밖에서 손에 넣기 어려울지 모르지만, 결국 이쪽으로도 공급이 될 것으로 기대되는 녀석이 있습니다. 저는 두 가지 이유에서 이 녀석을 환영하는 바입니다. 첫째는 미래 지향적인 새로운 캐나다 생산자가 만드는 매우 맛있는 위스키이기 때문이고, 둘째는 스카치위스키 협회(SWA)에서 벌어진 법적인 난제를 마무리 지을 수 있을 것이기 때문입니다.

2009년 다른 소규모 캐나다 증류 업자에게 한차례 수치스러운 패배를 맛봤음에도 불구하고(그것도 거의 10년 동안 거금을 들인 끝에), 무역협회는 맥칼로니가 '맥칼로니', '칼레도니안' 그리고 '글렌로이'같은 용어를 사용하는데 이의를 제기했습니다. 이 단어들은 스코틀랜드 고유명사로 소비자들이 위스키와 스카치를 혼동하게 할 수 있다는 것입니다. 맥칼로니를 창립한 그레임 맥칼로니(Graeme Macaloney) 박사는 자신의 이름을 위스키에 쓸 수 없다는 생각에 당연하게도 화가 나 있었습니다. 게다가, 증류소가 완전히 물로 둘러싸인 땅 위에 있음에도 불구하고(관례상 '섬'으로 알려진) 협회는 이들이 '아일랜드 위스키'라는 표현을 쓰는 걸 반대하고 있습니다. 맥칼로니는 SWA의 주요 멤버 중 하나인 디아지오가 백파이퍼(Bagpiper)와 맥도웰스(MacDowell's) 인도 '위스키'를 판매하고 있다는 점을 씁쓸하게 지적했는데, 코미디도 이런 코미디가 없습니다.

저는 이 이슈를 토론 주제로 삼아서, 캐나다 위스키 애호가들의 애국심을 휘저어 놓았습니다(그리고 이는 매출 상승으로 이어졌습니다). 마스터 오브 몰트 블로그에 올린 글에는 평소보다 5~6배 많은 피드백을 받는데, 모두 맥칼로니 증류소를 열렬하게 지지하는 코멘트들이었습니다.

녀석은 무엇보다도 제대로 술을 빚을 줄 아는 사람들이 만든 기분 좋은 술입니다. 맥칼로니 자신도 국외 거주 스코틀랜드인이며, 증류팀도 대부분 스코틀랜드 출신이고, 증류기도 스코틀랜드식이고 그리고 유명한 증류 컨설턴트인 짐 스완 박사(해기스, 백파이프, 아이언 브루만큼이나 뼛속까지 스코틀랜드인입니다)가 증류소의 설계와 캐스크 운용 방침에 도움을 주었습니다.

이들의 글렌로이 싱글 몰트는 현재 전 세계에서 생산되고 있는 고품질 위스키의 아주 좋은 예시이며, 마시는 이들의 얼굴에 행복한 미소를 가져다주는 제품입니다. 대서양 이쪽 편의 깨우친 애주가들이 머지않아 그 이유를 체감하게 되기를 바랍니다.

시음	색상	후각
노트	미각	여운

70

생산자	맥네어스 부티크 하우스 오브 스피리츠
	(MacNair's Boutique House of Spirits)
증류소	설명 없음
방문자센터	없음
구매처	주류 전문점
웹사이트	www.macnairs.com
가격	▢▢▢

어디서

언제

총평

MacNair's 맥네어스

럼 릭(Lum Reek)

"우리는 뛰어난 스몰 배치 증류주의 무한한 영역을 창조하기 위하여 관습의 한계를 뛰어넘고 있습니다."라는 이들의 주장은, 대담하다 혹은 허풍이 심하다고까지 생각할 수 있습니다.

비약해 말하자면, 고작 몇 종류 정도의 블렌디드 몰트와 럼을 판매하는 이 제삼자 병입 회사가 PR용 과대광고를 한 건 확실합니다. 독특하거나 특별히 차별화된 사업 모델이나 문구라고는 도저히 볼 수 없습니다. 그런데도 이들의 방식에는 예상치 못한 깊이가 있기에 우리는 눈을 씻고 다시 한번 주의 깊게 살펴볼 필요가 있습니다.

먼저 이 이름부터 살펴봅시다. '랑 메이 열 럼 릭(Lang may yer lum reek)'. 직역하면 '너의 굴뚝 연기가 오래오래 피어오르길'이라는 친구들 사이의 전통적인 스코틀랜드식 건배사 또는 친구들 간의 농담 섞인 인사인데, 장수와 풍요로운 삶을 기원한다는 의미입니다. 그리고 '피트 냄새'는 우리가 애정을 가지고 즐기는 옛날 위스키에서 흔히 볼 수 있는 특징인데, 애주가들이 잃어버린 황금기 시절의 정통성을 추구하면서 강렬한 풍미의 이런 스타일의 위스키가 다시금 인기를 얻고 있습니다. 이러한 연관성을 알지 못한다면 쉽게 진가를 알아볼 수 없는 이 이름은, 하드코어한 전문가들은 끌어들이지만, 무관심하거나 보드카나 더 값싼 증류주를 마시는 사람들은 자연히 거리를 두게 만듭니다.

이 12년 숙성의 블렌디드 몰트는 위스키의 살아있는 전설 중 한 사람의 손에서 탄생했습니다. 증류 장인이며 블렌더인 빌리 워커(Billy Walker)는 그의 벤리악, 글렌드로낙 그리고 글렌글라소 증류소를 브라운 포먼에게 팔고 나서, 이제 글렌알라키 증류소의 책임자로서 온전히 자리 잡았습니다. 맥네어스는 그의 요즘 젊은이들 용어로 다소 무례하게도 '사이드 허슬(side hustle)' 혹은 일종의 부업이라고 언급할 수도 있지만, 우리가 그에게 기대하는 것처럼 근 50년 가까운 내공에 걸맞게 세심한 주의와 관심을 가지고 이 사업에 접근하고 있습니다.

위의 이름 하나만으로도 알 수 있듯, 워커는 다른 사람들이 쉽게 지나치는 특성을 발굴해 내고, 사랑받지 못하는 개구리들을 멋진 왕자님들로 변신시키는 능력을 보여주었습니다. 만일 여러분이 스모크향이 나면서도 달콤한 위스키, 혹은 해안가 장작불의 꺼져가는 불씨 위에서 버터 스카치와 카페모카가 입안을 감싸는 듯한 위스키를 좋아한다면, 페드로 히메네스, 레드 와인 캐스크를 혼용한 퍼스트 필 버번에 피티드와 언피티드 몰트를 블렌딩한 이 46% 알코올 도수의 위스키를 좋아하게 될 것입니다. 정말 끝내줍니다!

시음 노트	색상	후각
	미각	여운

71

생산자	빔 산토리
	(Beam Suntory)
증류소	메이커스 마크, 로레토, 켄터키
방문자센터	있음
구매처	다양한 유통경로
웹사이트	www.makersmark.com
가격	■ ■

어디서	
언제	
총평	

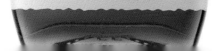

Maker's Mark 메이커스 마크

켄터키 스트레이트 버번(Kentucky Straight Bourbon)

이 켄터키 버번은 꽤 오랫동안 대서양 양쪽 끝의 애주가들 사이에서 광적인 인기를 누렸는데, 이는 빌 사무엘스 주니어(Bill Samuels Jr)의 호방한 이미지에 힘입은 바가 큽니다. 증류소가 개인 소유로 바뀐 이후에도 그 유명한 "위스키를 망치지 말라(Don't screw up the whisky)"는 가르침을 남긴 창립자의 손자이자 현 전무이사인 롭 사무엘스(Rob Samuels)가 실무를 책임지고 있으며, 이 가족은 여전히 위스키를 생산해 내고 있습니다.

물론 롭은 대체로 위스키를 망치는 법이 없습니다. 위스키는 아직도 고유의 개성을 간직하고 있는 것처럼 보입니다. 스코틀랜드 스타일의 '위스키'를 생산하고 있으며 2002년에 기존의 공장을 단순히 확장하는 대신, 첫 번째 증류소와 나란히 두 번째 증류소를 건립하여 생산을 증대시켰고 좀 더 균일한 숙성을 위해서 창고 내 배럴을 순환시켰습니다. 온갖 기발하고 멋진 피니시를 개발하려는 유혹을 뿌리쳤으며 아직 라이 위스키조차 출시하지 않았습니다.

매우 독특한 패키징 역시 변하지 않았습니다. 1950년 마지 사무엘스(Margie Samuels)가 처음 사용한 사각 병은 아직도 병 위로 흘러내리는 붉은색 왁스로 실링 되어 있습니다. 더욱 중요한 점은 매시 빌 레시피가 황색 옥수수, 적색 가을밀 그리고 맥아 보리를 사용해 만들어졌다는 점입니다. 특히 적색 가을밀은 다른 버번보다 비교적 부드럽고 은은한 맛을 내기 때문에 브랜드에게 커다란 돌파구가 되었으며 버번 증류에 익숙한 사람들에게 큰 반향을 불러일으켰습니다.

물론, 몇 가지 변종들도 존재합니다. (알코올 도수가 50% 중반인) 캐스크 스트렝스의 메이커스 마크와 열 개의 프렌치 오크 막대를 배럴에 넣고 9주 동안 숙성한 메이커스 마크 46을 구입할 수 있는데, 이는 나무가 위스키 풍미에 미치는 영향이 얼마나 큰지 잘 보여줍니다. 이 특별한 실험의 성공은 1,001종의 다양한 나뭇조각들을 조합하는 게 가능한 프라이빗 셀렉션 시리즈를 탄생시켰으며, 각 오크통은 행운의 소유주들에게 맞춤형 피니쉬와 미각 프로파일을 제공합니다. 이 위스키를 맛보려면 증류소를 방문하는 것이 가장 좋은 방법이란 게 고민이라면 고민인데, 정말이지 팔자 편한 고민인지도 모릅니다.

끝으로, 메이커스 마크는 최근 B 코퍼레이션 인증을 획득하여 세계에서 가장 큰 규모의 증류소라는 영예를 얻으며 그 명성을 더했습니다.

시음	색상	후각
노트	미각	여운

72

생산자 | 러셀 디스틸러리
(Russell Distillers Ltd)

증류소 | 코퍼 리벳, 채텀, 켄트
방문자센터 | 있음
구매처 | 주류 전문점
웹사이트 | www.copperrivet.com
가격 | ▨ ▨ ▨

어디서

언제

총평

Masthouse 마스트하우스

칼럼 몰트 위스키(Column Malt Whisky)

채텀의 코퍼 리벳 증류소가 마스트하우스 칼럼 몰트 위스키를 출시했다는 극적인 소식이 켄트 지역에서 들려왔습니다.

2017년 12월 문을 연 이래로, 코퍼 리벳은 꽤 흥미롭고 주목할 만한 행보를 보여왔습니다. 그들은 맛있는 진을 양조하고(맞습니다. 소규모 증류소가 진을 양조하는 것이 세상에서 가장 신기하고 주목할 만한 행보는 아닐지 모르지만 매우 맛 좋은 진이었습니다) 고전적인 팟 스틸로 증류한 고급 잉글랜드 몰트 위스키를 출시해 왔습니다.

그러나 이 녀석은 연속식 증류기에서 증류한 싱글 몰트 위스키라는 점에서 무언가 다르고 독특합니다. 사실, 출시 당시 녀석은 '영국 증류소에서 출시된 첫 번째 연속식으로 증류된 싱글 몰트 위스키'라는 주장과 함께 출시되었습니다. 이는 사실이 아니지만, 뭐 결과물이 꽤나 흥미롭기 때문에 이 정도는 눈감고 넘어가 줍시다(19세기 후반 알프레드 버나드는 연속식 증류기에 대해 이미 기술한 바 있으며, 로크 로몬드 증류소는 2007년 연속식 증류 방식으로 '싱글 몰트(Rhosdhu)'를 출시했습니다. 그리고 물론 일본의 닛카의 코페이 몰트(Coffey Malt)도 있습니다).

증류소는 역사적으로 유서 깊은 채텀(Chathom) 조선소 내의 웅장한 빅토리아 양식의 5번 펌프실에 자리 잡고 있고, 그 이름도 멋들어진 리바이어던 웨이에 위치합니다. 꽤나 묵직한 이름값이지만 다행스럽게도 증류소는 유명세에 부끄럽지 않은 행보를 보이고 있으며, 1980년대 중반 폐쇄되었던 조선소에 새 생명을 불어넣고 있습니다.

이들은 자체적으로 증류기를 고안하는 정성을 보이며 인근의 셰피섬에서 켄트 맥아 보리를 특별히 재배하기까지 합니다. 전 생산 공정의 투명성을 가하기 위한 진정성이 넘쳐흐르며 찬사가 절로 나올 정도로 헌신의 노력을 기울이고 있습니다. 코퍼 리벳은 농장에서 유리잔에 이르기까지 전 생산 과정에 커다란 자부심을 가지고 있습니다.

일반적인 500ml보다 작은 용량에도 불구하고, 목구멍에 술술 넘어가는 마스트하우스 칼럼 몰트 위스키는 위스키 마니아들에게 단순 호기심 이상의 제품입니다. 비록 위에서 이들의 가짜 역사적 주장을 까발리긴 했지만, 제 목적은 코퍼 리벳을 매장하려는 것이 아닌 칭찬하려 함입니다. 이들은 대담하면서 흥미진진하고 혁신적인 일을 해냈고, 이를 계기로 저기 저 산과 골짜기(아마 더 정확히는 잿빛 도시의 사무실)에 있는 한두 사람이라도 스카치위스키가 놓치고 있는 기회에 대해 긴지하게 고민하는 계기가 되기를 바랍니다.

시음	색상	후각
노트	미각	여운

73

생산자	아이리시 디스틸러스(Irish Distillers Ltd), 페르노리카(Pernod Ricard)
증류소	미들턴 마이크로, 미들턴, 카운티 콜크
방문자센터	있음
구매처	주류 전문점
웹사이트	www.methodandmadness whiskey.com
가격	▨▨▨

어디서	
언제	
총평	

Method and Madness
메서드 앤드 매드니스

싱글 그레인(Single Grain)

여기 셰익스피어 깨나 읽은 분들이 있군요. '미친 헛소리(역주: madness) 임에 틀림없지만, 그럼에도 무시할 수 없는 뭔가(역주: method)가 있어.'(햄릿, 제2막 제2장) 덴마크 왕자의 수수께끼 같은 횡설수설을 이해하려고 애쓰는 늙은 시종, 폴로니우스는 말합니다. 그러나 폴로니우스가 커튼 뒤에서 칼에 의해 희생당하면서 상황은 좋지 않게 끝납니다.

소설 속 스토리가 재연될까 하는 불길한 마음 때문에 2017년에 세운 이들의 사업계획이 지속될지 확신이 없었습니다. 하지만 증류 산업은 어차피 막후의 회계사들에 의해 운영되는 것이고, 소규모 크래프트 증류 업자들이 통통 튀는 위스키로 톡톡히 재미를 보는 모습과 그들이 얻는 명성을 지켜보면서, 돈이 된다면 자신들도 들어가겠다는 결정을 내렸습니다. 물론 여기서 재미란 게 금전적 재미를 포함한다고 해서 비난할 생각은 추호도 없습니다.

하지만 그럼에도 저는 이 아일랜드 증류소의 외골수적 접근 방식은 칭찬해마지 않습니다. 이들은 수박 겉핥기식으로 몇 번 실험해 보고 그친 게 아니라 이 새로운 방식을 위해 증류소 하나를 신설했으며, 이를 수습생 증류팀에게 넘겨주고 실적을 낼 수 있게 물심양면 도왔습니다. 이러한 행보가 명성과 홍보 효과에 도움을 주는 것은 물론이며, 수습생들은 컴퓨터 앞에 앉아 있는 것보다 더 많은 것들을 배우며 증류하는 법을 직접 체험할 수 있었습니다.

제가 이 싱글 그레인 익스프레션을 택한 이유는 부분적으로는 녀석이 여기서 가장 저렴하기 때문이고(28년 숙성 루비 포트 싱글 캐스크는 1,800파운드에 달합니다), 또 한편으로는 지난 10년간 꽤 입방아에 오르내리던 몇몇 싱글 그레인 위스키들 중 하나를 탐구하기 위해서입니다. 여기 이 '매드니스'는 새 스페인산 오크 캐스크에서 2차 숙성된 녀석입니다. 물론 이 정도를 가지고 획기적이라고 할 순 없습니다. 헝가리산 오크 캐스크나 밤나무 캐스크를 사용하는 등 범용성의 한계를 훨씬 멀리 뛰어넘는 녀석들은 얼마든지 있습니다. 하지만 하늘 아래 같은 위스키는 없으며, 얼마 전까지만 해도 이 정도의 이색적인 위스키들만 해도 실험실 문밖에 내놓을 수 없었습니다.

이들의 제품군은 이제 라이와 몰트, 싱글 몰트, 싱글 팟 스틸, 그리고 몇 가지 리미티드 에디션들과 진으로 그 범위가 확장되었습니다. 가련하고 성마른 바보가 매드니스를 커튼 뒤로 퇴장시켜 버리지 않기를 바랄 뿐입니다.

시음 노트	색상	후각
	미각	여운

74

생산자	믹터스 디스틸러리(Michter's Distillery, LLC)
증류소	믹터스, 루이스빌, 켄터키
방문자센터	있음
구매처	주류 전문점
웹사이트	www.michters.com
가격	■ ■ ■

어디서	
언제	
총평	

Michter's 믹터스

US*1 켄터키 스트레이트 버번(US*1 Kentucky Straight Bourbon)

이 증류소는 수년에 걸쳐 이름이 바뀌고, 사고 팔리고, 폐쇄되었다가 제대로 된 위스키를 만들 능력, 시간, 끈기, 그리고 재정적 여유를 갖춘 한 탁월한 가족 소유 회사의 손에 들어가 마침내 남부러울 만한 옛 명성을 되찾은 살아있는 미국 증류 역사의 표본입니다.

운이 따라준다는 전제하에 잽싸게 움직인다면, 그 유명한 25년 숙성 믹터스 버번 한 보틀을 구매할 수 있을지도 모릅니다. 하지만 이 향기로운 감로의 수량은 아주 한정적이어서 위스키 경매 사이트에서 높은 가격에 거래되고 있습니다. 이곳의 익스프레션들은 무려 1753년대까지 거슬러 올라갈 수 있는데, 미국 최초 위스키로 콧방귀 좀 날렸던 이곳 버번이 암흑기를 거쳐 과거의 명성을 다시 떨칠 수 있도록 믹터스 팀은 다른 업체의 재고 수량을 신중하게 구매하는 등 노력을 아끼지 않으며 가꿔나가고 있습니다.

그러나, 일반적으로 시중에서 구매할 수 있는 익스프레션은 US*1이라고 불리는 비교적 신작들입니다. 켄터키, 루이스빌의 역사적 심장에 위치한 샤이블리 지구 내 78,000 평방 피트 규모의 인상적인 증류소에서 증류했는데, 이곳은 현재의 수요와 수년간의 미래 성장까지도 도모할 수 있도록 특별히 설계된 공장입니다.

안타깝게도 메인 증류소는 방문할 수 없지만, 믹터스는 루이스빌에 매우 수려하고 건축학적으로도 중요한 포트 넬슨 증류소에 휘황찬란한 방문자센터를 지었습니다. 놀랍게도 이곳에는 고물상에서 발굴해 내 완벽하게 복원하고 재정비한 것으로 알려진 현존 유일의 오리지널 믹터스 증류기(Michter's stills)가 전시되어 있습니다. 이 조그마한 공장에서 나올 예정인 한정 수량 제품들이 프리미엄 가격으로 출시될 것임은 두말하면 잔소리입니다.

루이스빌 하면 으레 버번을 떠올리기 마련이기에 이 녀석을 선택했지만, US*1 브랜드 산하의 스트레이트 라이, 사워 매시, 혹은 아메리칸 위스키도 추천할 만합니다. 엄청나게 오래된 위스키를 찾아다닐 수도, 감당할 수도 없다고 슬퍼 마십시오. 여기 위스키들은 진또배기들일뿐 아니라 진짜 술을 만들 줄 아는 사람들이 정성 들여 만든 수작입니다. 제가 항상 말씀드리지만, 중요한 것은 위스키 가격이 아니라 위스키 그 자체입니다.

시음	색상		후각	
노트	미각		여운	

75

생산자 | 지케이아이 그룹
| (GKI Group)

증류소 | 밀크&허니, 텔아비브
방문자센터 | 있음
구매처 | 주류 전문점
웹사이트 | www.mh-distillery.com
가격 | ▪▪▪

어디서

언제

총평

Milk & Honey 밀크 앤 허니

클래식(Classic)

여름철 기온이 30°C를 오르내리고 폭염이 일면 40°C까지 올라가는 텔아비브 중심부에 증류소를 짓겠다는 사람이 있었다니 거짓말 같지 않으십니까? 그러나 때는 바야흐로 2012년, 위스키 계의 새로운 바람이자 선구자인 지칠 줄 모르는 짐 스완 박사(맞습니다. 카발란과 다른 많은 위스키를 입지전적으로 만든 바로 그분입니다)와 밀크&허니(M&H)가 그 장본인들입니다.

열악한 환경에서 위스키 증류와 캐스크 운용에 능통한 것으로 알려진 스완 박사는 2015년경 현지 팀인 갈 칼슈타인(Gal Kalkshtein)과 그의 동료들인 아밋 드로르, 사이먼 프리드, 사이먼 로에, 나마 리 하이트가 실질적인 이스라엘 최초의 위스키 증류소인 밀크&허니를 성공적으로 오픈하는 데 도움을 주었습니다. 골란 하이츠(Golan Heights)의 펠터 증류소가 2017년 싱글 몰트를 출시한 바 있기에 엄밀히 말해 최초는 아니었지만, 연간 80만 리터를 생산할 수 있는 M&H의 생산 규모에 비하면 전자는 초라한 수준입니다. 물론 골란 하이츠가 그저 작은 구멍가게 수준의 업장은 절대 아니며, 이들의 성공은 현재 운영 중이거나 준비 중인 여섯 개 이상의 양조업자들에게 영감을 준 바 있습니다.

애석하게도 짐 스완은 M&H에서 완숙된 위스키를 보시기 전에 작고하셨지만, 수석 증류가 토머 고렌(Tomer Goren)의 진두지휘 하에 증류소는 더욱 발전해 나가고 있습니다. 오늘날 이들은 클래식 싱글 몰트 외에도 셰리, 더 정확히는 스몰 배치로 생산되는 아일라 캐스크와 이스라엘 와인 캐스크를 혼용하여, 피트향을 입힌 다양한 피니시들을 생산하고 있습니다. 그리고 이는 변화무쌍한 에이펙스(Apex) 시리즈로 구성되는데, 이 중 에이펙스 데드 시(Apex Dead Sea)는 지구에서 가장 낮은 지형인 사해에서 숙성되며 그곳 온도는 무려 50°C에 달합니다.

증류소의 규모 탓이기도 하고 세계적으로 뻗어나가고자 하는 야망 탓이기도 한데, 이들 제품군은 대부분 최소 46% 이상의 알코올 도수로 병입되는 것에 비해 아주 합리적인 가격대로 영국 시장에 자리 잡았습니다. 이 외에도 프라이빗 캐스크 위스키도 구매할 수 있으며, 두 가지 진도 생산됩니다.

짐 스완 박사의 시그니처 스타일인 'STR' 캐스크(역주: 재활용 오크통, 오크 표면을 깎아내고 구운 다음 다시 태워내 힘이 빠진 오크에 후처리로 힘 있게 재활용하는 방법. 잘못 만들면 아무 특색 없는 위스키가 탄생됨)를 활용한 이상적인 클래식 익스프레션으로 시작해 보시는 걸 추천해 드립니다. 스파이스향, 오크향, 과실향, 그리고 마케팅팀에 의하면 텔아비브의 기운차고 후텁지근한 풍토가 고스란히 담겼다고 하니, 이 너석을 온몸으로 경험해 보시길 바랍니다.

시음	색상		후각	
노트	미각		여운	

76

생산자 윌리엄 그랜트 앤 선즈 디스틸러리(William
　　　 Grant & Sons Distillers Ltd)
증류소 해당 없음 - 블렌디드 위스키
방문자센터 글렌피딕과 발베니의 방문자센터
구매처 다양한 유통경로
웹사이트 www.monkeyshoulder.com
가격 □ ■

어디서 ....

언제 ....

총평 ....

　　　 ....

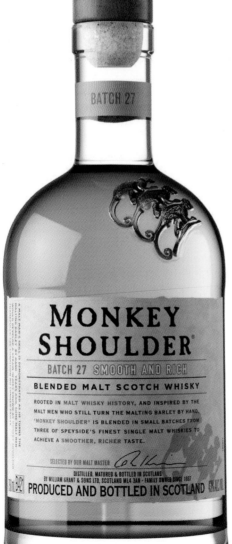

Monkey Shoulder 몽키 숄더

디 오리지널(The Original)

제가 이 녀석에 대해 처음 글을 쓴 건 출시되고부터 꽤 초창기인 2010년도입니다.

"글렌피딕과 발베니를 창조해 낸 그 유명한 윌리엄 그랜트에서 출시했다고는 도저히 믿을 수 없습니다. 작위적인 작명 센스(위스키 역사에 기반한 네이밍이긴 하지만, 이건 솔직히 봐주기 힘들 정도로 유치하잖습니까!), 멋진 척하는 웹사이트, 트렌디한 위스키바를 의식하는 모습, 칵테일을 권장하는 행태 등 모든 것들이 뼈마디가 다 시릴 정도로 적나라한 마케팅 전략의 일환으로 보입니다."

진짜 솔직히 말씀드리자면 저는 녀석이 이렇게 잘 팔릴 거라고는 전혀 예상하지 못했습니다. 하긴, 더 위스키 익스체인지(The Whisky Exchange)의 싱(Singh) 형제 같은 영향력 있는 평론가들은 심지어 녀석이 '위스키를 마시는 방법에 대한 세상의 고정관념을 바꿨다'고 까지 칭송했습니다. 신빙성이 있는 말일까요?

엄밀히 따지자면 녀석은 블렌디드 몰트, 즉 여러 싱글 몰트를 섞어놨지만, 그레인 위스키는 따로 첨가되지 않은 블렌디드 위스키입니다(그레인 위스키가 섞였다면 평범한 블렌디드 위스키가 되었겠죠). 운 좋게도 윌리엄 그랜트는 다수의 증류소를 소유하고 있었기에 글렌피딕, 발베니, 그리고 키닌비(Kininvie, 사람들에게 잘 알려지지 않은 더프타운에 위치한 세 번째 증류소)의 원액들을 블렌딩 하여 칵테일용으로 생산되는 범용성 높은 위스키를 개발해 냈습니다. 맨 처음에 디 오리지널을 출시한 후, 피트향이 첨가된 버전인 그 이름도 뻔한 스모키 몽키(Smokey Monkey)를 출시했으며, 칵테일 형태로 미리 혼합해 판매하는 레이지 올드 패션드 스타일도 출시했습니다.

오늘날 비록 이 브랜드는 마스터 블렌더 브라이언 킨스먼(Brian Kinsman)의 공로로 인정되고 있지만, 제가 알기로는 그랜트의 보수적 스타일 위스키 장인으로 유명한 데이비드 스튜어트에 의해 처음 만들어졌다고 합니다. 하지만 이 녀석은 누가 뭐래도 상대적으로 단맛에 길들어 있고 이색적인 브랜딩에 취약한 버번 애호가들을 타깃으로 특별히 고안된 녀석입니다.

그러니 트렌디한 바와 칵테일 인플루언서들이 열광적으로 녀석을 집어 들고, 수많은 상을 받은 것은 놀라운 일이 아니며, 이 정도 가격대라면 그럴만한지도 모릅니다.

원숭이 세 마리가 이 보틀의 목 부분을 장식하고 있습니다. 이 이름은 플로어 몰팅 공정 중 맥아를 일일이 손으로 뒤집는 작업을 하는 노동자들이 걸리는 고질병의 이름에서 유래했습니다. 예상하신 것처럼 진짜 원숭이와 관련된 용어는 아니며, 이 위스키를 만들 때 그 어떤 원숭이에게도 위해를 끼치지 않았음을 보증합니다.

시음 노트	색상	후각
	미각	여운

77

생산자	뉴 리프 디스틸링 (New Riff Distilling, LLC)
증류소	뉴 리프, 뉴포트, 켄터키
방문자센터	있음
구매처	주류 전문점
웹사이트	www.newriffdistilling.com
가격	■■■■■

New Riff 뉴 리프

켄터키 스트레이트 버번(Kentucky Straight Bourbon)

'보틀드 인 본드(Bottled in Bond)'라고 병에 쓰여있습니다. 더 정확히는 유리에 양각되어 있습니다. 그러니만큼 중요한 내용임이 틀림없겠죠? 위의 내용은 1890년대 후반부터 시작된 일종의 미국 위스키 소비자 보호법을 준수했음을 나타내는 라벨로, 위스키의 원산지, 도수 및 숙성 기간을 보장하는 증표입니다.

누가 이 문구를 사용할 수 있는지에 대한 아주 엄격한 규정이 존재하지만, 이 라벨이 우리에게 진짜 시사하는 바는 바로 이 제품이 다른 증류소(주로 인디애나주 로렌스버그에 있는 매우 큰 증류소)에서 구입한 원액으로 만든 위스키가 아니라 뉴 리프에서 자체적으로 생산한 위스키이며, 해당 브랜드에서 직접 병입까지 진행했음을 나타낸다는 점입니다. 최근 크래프트 증류에 대한 관심이 폭발적으로 증가하면서 안타깝게도 이러한 관행들이 너무나 흔해졌습니다.

그러므로 켄터키와 오하이오의 경계에 있는 뉴포트에서 자체적으로 버번, 라이 및 기타 증류주를 양조하는 뉴 리프에게 찬사를 보냅니다. 독자적인 소유권, 전통과 혁신의 조화, 적절한 증류주 숙성에 들이는 이들의 노고는 분명하고도 명확하며 대외적으로도 널리 알려져 있습니다. 미국에서만 2,300여 개 이상의 '크래프트' 증류소가 운영되고 있는 현시점에 더구나 위스키처럼 쟁쟁한 경쟁자들이 넘쳐나는 유구한 전통이 있는 레드오션 시장에서 신선하고 색다른 시도를 한다는 것은 어느 정도 자신감과 독립심이 필요한 일이지만, 이들의 제품군은 단연 돋보입니다.

이들의 버번은 전량 유전자 변형되지 않은 곡물을 사용하며 옥수수 65%, 호밀 30%(꽤 많은 양입니다), 그리고 맥아 보리 5%의 매시 빌로 만들어지는데 50%의 도수로 보틀링되며, 톡 쏘는 매콤한 맛이 특징입니다. 이들은 풀 사워 매시 켄터키 증류법을 엄격하게 준수하고 저온 여과를 거치지 않으며, 통상적인 위스키보다 높은 도수는 어느 정도 소비자 가격을 정당화할 뿐만 아니라 (게다가 녀석이 일반적인 보틀보다 약간 더 큰 750ml 보틀로 제공된다는 사실을 잊지 마십시오) 칵테일 베이스로도 아주 그만이라고 덧붙이고 있습니다.

꼼꼼히 포장되어 있고, 풍미는 강렬하며, 증류기는 제값을 하니 이보다 더 좋을 리 있겠습니까?

시음	색상		후각	
노트	미각		여운	

78

생산자   닛카 디스틸링
          (The Nikka Distilling Co. Ltd)
증류소   해당 없음 - 블렌디드 위스키
방문자센터   미야기쿄 증류소와 요이치 증류소
구매처   주류 전문점
웹사이트   www.nikkawhisky.eu
가격   ■ ■ ■

어디서 _____

언제 _____

총평 _____

_____

_____

NIKKA WHISKY
FROM
THE BARREL
alc. 51.4°

ウイスキー
原材料 モルト・グレーン
●容量 500ml ●アルコール分 51.4%
製造者 ニッカウヰスキー株式会社 6
東京都港区南青山5-4-31 06E22D

Nikk 닛카

위스키 프롬 더 배럴(Whisky From The Barrel)

이거 참 부끄럽습니다. 저는 한동안 이 소박하고 작은 병에 대해 찬사를 아끼지 않았습니다. 저만 그런 건 아닙니다. 영향력 있는 미국 잡지 위스키 어드보케이트(Whisky Advocate)도 녀석을 2018년 올해의 위스키로 선정했으니까 말입니다. 그리고 저도 여전히 동조하는 입장입니다.

하지만 문제는 이 위스키가 실제로는 일본 위스키가 아니라는 점입니다. 적어도 모두가 생각하는 것처럼 100% 일본 위스키는 아닙니다. 일본 법은 위스키를 생산지와 관계없이 어디서든 원액을 수입하여 블렌딩 한 후 '일본 위스키(Japanese whisky)'라 이름 붙여 재수출하는 것을 허용하고 있는 듯합니다. 일본 위스키의 호황기와 비례하여 스코틀랜드의 벌크 위스키 수출은 2013년부터 2018년 사이에 4배가량 증가했지만 2021년 3월까지만 해도 이러한 사실은 일본 내부에서 쉬쉬하던 부끄러운 비밀이었습니다. 그러다 일본 증류주 및 리큐어 제조자 협회(Japan Spirits&Liqueurs Makers Association)가 2024년 3월까지 '일본 위스키'로 표기한 위스키는 실제 일본에서 생산되어야 한다는 새로운 강제 규정을 발표하면서 세간에 알려지게 되었습니다.

이 책의 가장 최근 개정판에 남긴 저의 논평 중 일부는 묘하게도 예언처럼 들립니다. 회상하자면 전 이렇게 썼습니다. "닛카는 창립자 마사타카 타케츠루가 도입하고 명맥을 유지해 온 스코틀랜드 전통에 강하게 영향받은 위스키를 만들기 때문에 녀석의 첫인상은 묘하게 익숙한 느낌을 줄지도 모릅니다"면서도 덧붙여, "(여러분이 스카치를 즐겨 마신다는 가정하에) 평소 즐겨 마시던 그 녀석처럼 편안한 느낌을 받다가도 곧 풍미는 예상치 못한 방향으로 진화하는데, 마실수록 점점 빠져들다가도 묘한 색다름도 느낄 수 있을 겁니다. 마치 오랜 친구가 해외로 이주했다가 모국어의 억양으로 낯선 외국어를 말하는 것처럼 말입니다."

왜 그랬는지 이제야 이해됩니다. 이 블렌드에는 닛카가 소유한 벤 네비스(Ben Nevis)가 약간이라곤 할 수 없을 정도로 함유된 것으로 밝혀졌으며, 제가 이 글을 쓰는 현재로서는 새로운 규정이 시행되거나 재고가 소진될 때까지 이를 변경할 계획이 없는 것으로 보입니다. 하지만 좋은 소식은 가격이 하락한 것 같으니 제가 일전에 썼듯 "이 위스키로 가까운 친구들과 블라인드 테스트를 진행해 보고 어떤 반응을 보이는지 테스트하는 용도로는 더할 나위 없습니다."

혹은 대안으로 녀석보다 훨씬 더 저평가된, 그리고 더 높은 평가를 받아 마땅한지도 모를 벤 네비스 싱글 몰트를 구하는 방법도 있겠습니다.

시음 노트	색상		후각	
	미각		여운	

79

생산자	디아지오
	(Diageo)
증류소	오반, 아르길앤부트
방문자센터	있음
구매처	다양한 유통경로
웹사이트	www.malts.com
가격	■ ■ ■

어디서	
언제	
총평	

Oban 오반

14년

원래는 디아지오의 클래식 몰트로 분류되던 오반은 이제 '더 넓은 범위'의 일부로 밀려난 것으로 보입니다. 그것은 유감스러운 일입니다. 왜냐하면 저는 오반을 무인도에 꼭 가져가야 할 꿈의 술 중 하나로 꼽고 있고, 14년 숙성의 이 맛있는 녀석은 쟁쟁한 동료들에 비해 명성과 화려함이 부족하더라도, 매우 훌륭한 스코틀랜드산 싱글 몰트라 불리기에 손색이 없다고 소리 높여 주장할 것이기 때문입니다.

저는 개인적으로 디아지오가 오반을 충분히 홍보하지 않는 이유가 오반의 제한된 생산량 때문에 사람들이 오반이 얼마나 좋은 술인지 안다면 너도나도 사 갈 것이고, 결국 공급이 수요를 따라갈 수 없게 되기 때문이라고 생각합니다. 이 증류소는 주위에 자연스레 형성된 고즈넉한 웨스트 하이랜드 마을의 심장부에 박혀있어서 규모를 확장하고 싶더라도 도저히 그럴 수 있는 견적이 나오지 않습니다. 하지만 그건 오히려 장점인지도 모릅니다. 규모 확장으로 인한 맛의 변화가 없을 것이고, 모든 생산방식이 특별한 변화 없이 예전 그대로의 방식대로 살아있는 기억처럼 이어져 내려올 것이기 때문입니다. 이 증류소를 방문해 보면 정겨운 어수선함이 인상적인 기억으로 남습니다. 산업 발전에 의해 훼손되지 않았다고도 할 수 있겠습니다.

현재 생산되는 익스프레션은 단 세 가지뿐입니다. '14년'과 숙성 기간이 별칭 되지 않는 두 종류가 있는데 각각 '리틀 베이(Little Bay)'와 몬티야 피노 셰리 캐스크 방식의 '디스틸러스 에디션(Distiller's Edition)'입니다. 오반은 디아지오의 2021년 스페셜 릴리스 시리즈에 등장했지만 세 자릿수를 돌파한 가격때문에 시장의 외면을 받기도 했습니다. 또한 인기 TV 시리즈인 '왕좌의 게임'과 엮어 '오반 베이 리저브 나이트워치(Oban Bay Reserve Night's Watch)'라는 다소 억지스러운 제휴를 맺기도 했습니다.

그런 것들은 무시하고 이 맛있는 14년 버전으로 시작해 보십시오. 이건 정말 훌륭한 물건입니다! 복합적인 풍미, 소금기, 스모크향이 가득하지만 결코 균형을 잃거나 선을 넘지 않습니다. 이 첫인상은 곧 말린 과일과 시트러스의 단향으로 변화하다 끝에는 다시 스모크향과 몰트향으로 여운을 남깁니다. 요새는 50파운드가 넘는다 해도 여전히 크게 남는 장사입니다. 만약 여러분이 아일라 몰트가 너무 강하다는 느낌을 받는다면, 이 몰트가 여러분의 입맛에 딱 맞을지도 모릅니다. 제가 이 몰트의 팬이라고 말씀드렸었나요?

시음 노트	색상	후각
	미각	여운

80

생산자	브라운-포먼 주식회사(Brown-Forman Corporation)
증류소	올드 포레스터, 루이스빌, 켄터키
방문자센터	있음
구매처	다양한 구매처
웹사이트	www.oldforester.com
가격	□■

어디서	
언제	
총평	

Old Forester 올드 포레스터

86 프루프(86 Proof)

여기 역사상 가장 유서 깊은 위스키가 있습니다. 밀봉 처리된 보틀에 판매해 변질을 방지한 최초의 버번이며, 회사 창립자의 가족이 회사를 경영하며 1870년대부터 이름을 날렸으며, 금주령에도 불구하고 생산을 지속해 왔습니다(물론 의료 용품으로써 말입니다), 게다가 가성비까지 끝내줍니다. 사실, 너무나 매력적인 저가이기 때문에 오히려 흥미를 잃으시는 분들도 있을 겁니다.

안타깝게도 이 같은 현상은 최근까지도 이곳 올드 포레스터 본사에서 벌어지던 일입니다. 버번의 전반적인 하락세와 맞물려 다소 칙칙하고 낡은 패키징은 판매 저조 현상을 불러일으켰습니다. 가족회사만 아니었다면 경영진이 일찌감치 손절해 버렸을 가능성이 농후합니다. 제 추측으로는 아무도 감히 브라운-포먼의 실권을 쥐고 있는 브라운 가족에게 면대면으로 이와 같은 소견을 전달할 배짱이 없었기에 살아남은 거로 보입니다. 뭐, 걱정하지 마십시오. 올드 포레스터는 아무도 숨아내지 못할 겁니다. 아마 브랜드를 썰어버리려는 계획이 싹트기가 무섭게 바로 뿌리 뽑아 버리는 누군가가 막후에 존재할는지도 모릅니다.

자, 요즘 들어 사람들이 정통성 있는 헤리티지와 전통문화에 다시 관심을 보입니다. 또 한번 이 녀석의 시대가 도래한 겁니다. 가격을 두 배 이상 내면 더 높은 도수의 스테이츠맨(Statesman, 원래는 영화제목에서 따온 이름이지만, 어느 정치인들처럼 끈질기게도 명줄을 유지하고 있습니다)을 구매하실 수도 있겠지만, 86 프루프(43% 알코올 도수)야말로 가장 근본 있는 기본 중의 기본입니다.

켄터키주 루이스빌은 이 모든 전설이 시작된 곳입니다. 이곳 시가지 중심에는 증류소와 방문자 센터가 있는데, 민트 줄렙 칵테일 버전을 병입해 팔 정도로 놀랍도록 다양한 올드 포레스터 제품들을 구비해 놓고 있습니다. 올드 포레스터가 제품군을 상당히 다변화한 것 같습니다.

녹림으로 우거진 정글 같은 유통시장에서 나무가 아닌 숲 전체를 보기란 매우 어렵습니다. 시장에는 항상 더 복합적인 풍미를 지닌, 더 오래 숙성된, 더 멋진 패키징에 담긴, 혹은 더 비싼 버번들이 즐비합니다. 하지만 여러분이 항상 복합적이거나, 오래됐거나, 멋들어졌거나 혹은 비싼 술에 손이 가지는 않을 겁니다. 종종 여러분들이 원하는 술은 그저 한결같고 믿음직스러운 오랜 친구 같은 술입니다. 고민할 필요도 없이 곧바로 따라 마시고 즐길 수 있는 위스키. 여기 하나 있습니다.

시음	색상	후각
노트	미각	여운

81

생산자	인버 하우스 디스틸러스(Inver House Distillers)
증류소	올드 풀트니, 윅, 케이스네스
방문자센터	있음
구매처	주류 전문점, 일부 영국 슈퍼마켓
웹사이트	www.oldpulteney.com
가격	■■■■

어디서

언제

총평

Old Pulteney 올드 풀트니

18년

인버 하우스의 주력 싱글 몰트 중 하나인 올드 풀트니는 특출 나게 상상력이 풍부한 홍보 대행사를 두고 있는데, 이들은 종종 증류소와 인근 바다와의 특별한 관계에 대해 뻔뻔스러우면서도 그럴싸한 주장을 펼칩니다. 분명 탈리스커(88번 참조)는 '메이드 바이 시(made by the sea)' 광고 캠페인에 헛돈만 쓰고 있음이 분명합니다. 어쩌면 풀트니의 홍보 담당자가 풀트니 증류소의 아주 독특하게 생긴 끝이 평평한 증류기에 대해, 혹은 지속 가능한 증류소를 만들기 위해 풀트니가 벌이는 다양한 업적에 관해 이야기를 들려주며 한 수 가르쳐 줄 수 있을지 모릅니다.

하지만 그게 다 무슨 상관이랍니까? 스코틀랜드 최고의 작가이자 열렬한 위스키 애호가 중 한 명인 닐 M. 건(Neil M. Gunn)은 1935년 그의 저서 '위스키와 스코틀랜드'에서 다음과 같이 말했습니다. "내가 올드 풀트니를 이해할 수 있는 나이가 되었을 때, 나는 잘 숙성된 녀석의 품질에 감탄할 줄 알게 되었고, 그 안에서 강인한 북방인의 기상을 엿봤다."

건은 위스키에 대해 훌륭한 판단을 내렸으며, 틀린 말을 하지 않았습니다. 이 책의 이전 개정판들에서 언급되고 몇몇 다른 작가에게도 언급된 후, 올드 풀트니는 17년 숙성 싱글 몰트로 다수의 주요 상을 휩쓸었습니다. 이미 재고는 다 소진된 것처럼 보입니다. 운 좋게도 어디서 한 병 구하지 않는 한 곧장 딜레마에 직면하게 됩니다. 돈을 더 내고 18년 숙성(100파운드가 넘습니다)으로 갈 건지, 아니면 그까짓 30파운드 절약하자고 15년 숙성 버전으로 만족할 건지 말입니다.

인기가 높아진 위스키의 숙명과도 같은 일인데, 안타깝게도 피해를 보는 건 소비자들입니다. 시도 때도 없이 리패키징되고, 시장에서 그 무시무시한 '리포지셔닝'을 당하게 되며, 이는 영원히 고통받는 소비자들의 입장에서는 결코 좋은 일이 아닙니다. 하지만 힘을 내십시오. 왜냐하면 이마저도 소진되면 다음 업그레이드 버전은 25년 숙성 버전인데, 가격이 껑충 뛰어 현재 400파운드에 육박하는 말도 안 되는 가격대를 형성하고 있으니 그에 비하면 선방한 겁니다.

그렇기에 두 가지 대안 중에서 저는 뛰어난 풍미와 46% 알코올 도수 병입의 갓 익은 녀석을 선택하겠습니다. 물론 17년 숙성 제품은 아주 훌륭하지만, 버번과 스페인 오크 캐스크를 혼용한 이 녀석은 한 층 더 깊이가 있고 입안을 코팅하는 풍부함과 강렬함도 더 진해졌다고 느껴집니다.

닐 건이 좋아했을 만한 녀석입니다. 하지만 브랜드 리포지셔닝 건은 매우 유감입니다. 함부로 위스키 추천을 남발하는 성가신 위스키 글쟁이들을 좀 나무라야 할 듯싶습니다.

시음	색상	후각
노트	미각	여운

82

생산자	존 디스틸러리스
	(John Distilleries Pvt Ltd)
증류소	폴 존, 쿤콜림, 고아
방문자센터	있음
구매처	주류 전문점
웹사이트	www.pauljohnwhisky.com
가격	■■■

어디서

언제

총평

Paul John 폴 존

브릴리언스(Brilliance)

아직까지도 영국과 유럽의 진열대에서 인도 위스키를 보고 놀라시는 분은 없을 거라 믿겠습니다. 그도 그럴 것이 이미 더 이상 새로운 화젯거리조차 아니기 때문입니다. 인도 위스키는 이제 진정한 글로벌 강자로 자리매김했으며, 그 배후에 있는 회사는 내수 시장과 수출 시장 모두에서 빠르게 성장하고 있습니다. 2012년 10월, 영국 시장에 첫 위스키를 출시한 이 회사는 같은 인도 기업인 암루트와 람푸르와 마찬가지로 다수의 실험적이면서 대담한 피니시의 익스프레션들을 경쟁력 있는 가격대에 출시했으며, 각종 대회와 블라인드 시음에서 큰 성공을 거두었습니다.

게다가 이들의 '엔트리 레벨' 익스프레션인 너바나(Nirvana)는 아직도 30파운드 미만에 구입할 수 있는데, 아무리 한때 녀석이 '세속적인 영역을 넘어선 숭고한 경험'을 맛보게 해 준다며 홍보됐었다 하더라도 지나치게 비세속적인 가격입니다. 그런데도 저라면 조금 더 속세에 발을 담가 몇 파운드 더 얹어주고 좀 더 강렬한 목 넘김과 피니시를 자랑하는 알코올 도수 46% 이상의 브릴리언스를 선택할 겁니다. 위스키에 붙이기에는 꽤 대담한 이름이지만 회사는 브릴리언스가 "관습을 타파하는 열정을 다하며… 위스키계의 가장 높은 성층권까지 돌파하기 위해 출시되었다."고 설명합니다. 이들의 야심 찬 포부를 생각할 때 푼돈(정확히는 10파운드)이나 아끼려 드는 건 어쩌면 무례한 건지도 모릅니다. 게다가 녀석은 아직 인도 위스키에 대해 무지하고, 고상한 척하는 세속적인 술친구들에게 부담 없이 선물하기 아주 그만인 위스키입니다.

아마도 5년이 채 되지 않았겠지만, 녀석의 풍미에는 나이를 잊게 하는 연륜이 묻어납니다. 아시아 위스키의 숙성 환경은(카발란을 생각해 보십시오) 구세계 위스키의 숙성 환경과는 아예 기준이 다릅니다(역주: 유럽과 같은 전통적으로 위스키 역사가 깊은 지역에서 양조된 위스키를 구세계 위스키, 그리고 아메리카, 아프리카, 아시아 등 비교적 근래에 위스키 양조가 도입된 지역의 위스키를 신세계 위스키라고 부름). 혹한의 스코틀랜드 기후 기준으로 이러한 위스키들의 정확한 가치판단을 한다는 것은 불가능합니다. 솔직히 말하자면, 인도 위스키는 이미 단순히 스카치나 다른 위스키와 비교당하는 단계를 넘어선 지 오래이며, 순수하고 당당하게 그 자체만으로 온연히 자리매김했습니다.

회사 최고 경영자인 폴 P. 존(Paul P. John)이 자사 포트폴리오 중 브릴리언스를 개인적으로 가장 좋아하는 위스키로 꼽았다는 점은 주목할 만합니다.

시음	색상		후각	
노트	미각		여운	

83

생산자   라디코 카이탄
(Radico Khaitan Ltd)

증류소   람푸르, 우타르 프라데시
방문자센터   없음
구매처   주류 전문점
웹사이트   www.rampursinglemalt.com
가격   ■■■

어디서

언제

총평

Rampur 람푸르

아사바(Asāva)

이미 눈치채셨겠지만, 최근 상점 매대에 인도 위스키가 상당히 늘어났습니다. 물론 인도는 거대한 증류주 소비시장으로 인도 내수 브랜드의 자국 내 판매량은 전 세계 스카치위스키 판매량의 두 배를 훌쩍 뛰어넘습니다. 실제로 전 세계 판매량 상위 10위 랭킹에 인도 위스키는 네 개, 스카치는 단 한 개(그것도 9위를 간신히 비집고 들어갔습니다)밖에 들지 못했습니다.

람푸르의 제조사인 라디코 카이탄은 인도 내수시장 판매 순위에서는 한참 아래쪽에 랭크된 8PM 브랜드를 만듭니다. 그럼에도 700만 상자가 넘는 판매량을 기록했으며, 이는 전 세계에서 세 번째로 많이 팔리는 스카치와 맞먹습니다. 하지만 암루트(3번 참조) 사례에서 배웠듯이 유럽 시장 기준으로는 위스키로 분류될 수 없습니다. 이에 굴하지 않고 인도 증류소들은 제대로 된 싱글 몰트 만들기에 매진하였고, 지금 소개하는 제품이 바로 그 결과물입니다.

히말라야 산기슭에 위치한 인도에서 가장 오래된 증류소 중 하나인 람푸르는 더블 캐스크와 PX 셰리 피니시를 선보이고 있습니다. 그중 더블 캐스크는 훌륭한 제품입니다. 한 보수적인 스코틀랜드 증류 업자는 제게 녀석에 대해 "꽤 좋았다"고 평해주었습니다. 하지만 라디코 카이단은 결코 무시할 만한 수준의 업체가 아닙니다. 아시아에서 가장 큰 규모의 증류소 중 하나이며, 새로운 증류 공법 연구와 기후 및 습도 조절이 가능한 창고를 구비하는 등 상당한 투자를 병행해 싱글 몰트에 대해 진지하고도 장기적인 시각을 가지고 있습니다. 처음에는 몇몇 업계에서 인정받는 스코틀랜드 증류소들로부터 도움을 받았지만, 라디코 카이탄은 자신들만의 방식으로 탐구하고 혁신해 나가고 있습니다.

셀렉트와 더블 캐스크 둘 다 훌륭한 익스프레션들이지만, 가장 최근에 출시된 아사바는 구세계 스타일의 싱글 몰트에 인도 특유의 감성을 녹여낸 수작입니다.

비록 숙성 기간은 표시되지 않지만, 아사바는 미국산 버번 배럴 통에서 숙성 기간의 약 3분의 2를 숙성시킨 후, 인도산 카베르네 소비뇽 캐스크에서 후숙 되었습니다(인도는 청동기 시대부터 와인을 만들어왔지만 대부분 내수용이라 해외로 수출되지는 않습니다).

45% 알코올 도수에 냉각 여과되지 않은 녀석은 단순히 그냥 '꽤 좋았다'라는 표현보다는 더 후한 평을 받아야 마땅합니다.

시음 노트

색상	후각
미각	여운

181

84

생산자	아이리쉬 디스틸러스(Irish Distillers Ltd), 페르노리카(Pernod Ricard)
증류소	미들턴, 카운티 콜크
방문자센터	있음
구매처	다양한 유통경로
웹사이트	www.redbreastwhiskey.com
가격	▪▪▪

어디서

언제

총평

Redbreast 레드브레스트

12년

여러분은 이미 앞서 아이리시 디스틸러스 제품군에 대해 읽어보셨을 겁니다(16번 참조). 좋은 소식이 있다면 '스팟(Spot)'이 예전보다는 구하기 쉬워졌단 겁니다. 하지만 손만 빨고 있다가 새가 되어버린 상황이라면 레드브레스트가 꽤 훌륭한 대안일지 모릅니다. 게다가 이들은 윙맨 버드 피더(Wingman Bird Feeder) 프로젝트를 통해 야생 조류를 지원하고 수익금을 버드라이프 인터내셔널에 기부하고 있다고 하니 일석이조가 따로 없습니다. 펀드레이징 목표 달성 금액이 70,000유로나 된다고 하니 닭 모이값 정도나 모으자는 수준의 프로젝트는 아닙니다.

이 녀석도 마찬가지로 아이리시 팟 스틸 위스키입니다. 제1차 세계대전 이전에 J. J. 리큐어 위스키가 만든 '레드브레스트'라는 이름의 위스키가 출시된 바 있었지만, 지금, 이 위스키는 더블린에 있는 원조 격의 제임슨(Jameson) 증류소에서 생산하고 W.&A. 길비(Gilbey)라는 업체에서 병입하여 출시됐습니다. 하지만 1971년 제임슨 증류소가 문을 닫고, 결국 재고가 바닥나면서 브랜드는 철수했습니다. 그러나 끝끝내 팟 스틸 증류 위스키는 명맥이 끊기지 않고 꿋꿋이 살아남았고 싱글 몰트 스카치가 기어코 다시 유행으로 돌아오는 걸 지켜본 아이리시 디스틸러스는 사경을 헤매던 브랜드를 심폐소생하여 1991년 레드브레스트 12년을 재출시하기에 이르렀으며, 현재는 거대한 미들턴 복합 증류소에서 녀석을 생산하고 있습니다.

대중들의 반응은 뜨거웠으며, 그중에서도 작고한 위대한 마이클 잭슨(Michael Jackson)은 녀석에게 열렬한 찬사를 보내주었습니다. 시장의 반응이 너무 좋아서 셰리 피니시 버전인 루스타우(Lustau) 에디션이 추가로 출시되었는데 12년 숙성 캐스크 스트렝스, 15년 숙성, 21년 숙성, 그리고 27년 숙성으로(결코 저렴하다 볼 수 없는 400파운드가 넘는 고가입니다) 만나보실 수 있습니다. 가끔 나오자마자 매진되어 버리는 일회성 리미티드 에디션들도 종종 출시되고 있으며, 밥 딜런과 콜라보한 헤븐스 도어(Bob Dylan's Heaven's Door) 제품군도 존재합니다.

오늘날 거대한 페르노리카 그룹의 일원이 된 아이리시 디스틸러스는 증류에 매우 진심입니다. 코르크 지방 근처에 위치한 증류소는 일반 대중들에게 개방되어 있는데, 그곳에 있는 박물관과 방문자센터를 둘러보실 수 있습니다. 실질적인 증류 작업은 사람들의 눈을 피해 근방에 위치한 신식 공장에서 진행되는데 진과 보드카를 포함한 다양한 증류주를 생산해 냅니다. 안타깝게도 이 공장은 관람이 불가합니다. 항상 확장공사가 진행 중이기도 하고, 달에서도 볼 수 있는 거대한 규모 때문이기도 합니다.

시음	색상	후각
노트	미각	여운

85

생산자	J. & A. 미첼
	(J. & A. Mitchell & Co.Ltd)
증류소	스프링뱅크, 캠벨타운, 아가일 앤 뷰트
방문자센터	있음
구매처	주류 전문점
웹사이트	www.springbank.scot
가격	■■■

어디서

언제

총평

Springbank 스프링뱅크

10년

스프링뱅크는 '아이코닉('iconic')'이라는 단어가 어울리는 몇 안 되는 증류소 중 하나입니다. 하지만 제가 마셨던 아직도 기억이 생생한 위스키(눈치챘겠지만, 스프링뱅크 로컬 발리 1966)가 한 웹사이트에서 15,000파운드에 판매되고 있는 것을 발견하면 우울한 기분이 들기 마련입니다. 저는 그보다 싼 가격의 자동차를 구입한 적도 있습니다. 실제로, 지금 로컬 발리 세 병만 있으면 캠벨타운에 침실 네 개짜리 집을 살 지경입니다. 리모델링 비용이 좀 들겠지만 말입니다.

이 정도면 캠벨타운이 땅값 비싼 부촌은 아니라는 것을 짐작하셨을 텐데, 그래도 이곳은 한 때 스코틀랜드에서 가장 명망 있던 증류의 중심지였습니다. 하지만 수년에 걸쳐 여러 이유들로 쇠퇴하면서 이제는 스프링뱅크 증류소 한 곳만 남았고, 그마저도 생산이 그다지 활발하지는 않았습니다.

1970년대와 1980년대에 스프링뱅크는 시대착오적인 구시대의 유물 취급을 받았으며 역사적인 호기심 거리, 기상천외하고 고집스럽게 독자적이며 변화의 물살에 눈과 귀를 막고 저항하는 증류소로 여겨지며 수모를 겪었습니다. 1987년 고 마이클 잭슨은 "매우 전통적인 양식의 이 공장은 몇 년 동안 생산을 가동하지 않았다"고 회고했습니다. 하지만 결국 이 증류소는 사람들의 손길이 닿지 않는 외딴 오지에 위치한 데다 변태적일 정도로 미디어의 관심을 꺼리는 신비주의적 행보 덕분에 오히려 열렬한 성원을 보내는 광팬들을 확보하기 시작했습니다. 물론 마이클 잭슨의 지지 발언 또한 반향을 일으키는 데 도움이 되어 서서히 그 명성이 퍼져나갔습니다.

이곳 공장은 여전히 고집스럽게 전통적인 작업방식을 고수합니다. 마치 빅토리아 시대 증류 방식의 교본과도 같습니다. 그리고 스프링필드는 매우 특이한 2, 1/2배 증류 공정을 고수하고 있는데 이건 또 왜 이러는 건지 도저히 객관적으로 설명할 길이 없습니다. 거기다가 플로어 몰팅 작업 방식, 냉각 여과를 하지 않는 것, 색소를 첨가하지 않고 모든 공정에 추가로 손품 팔기를 주저하지 않는 노동 집약적인 작업 방식으로 생산하기 때문에 스프링뱅크는 가장 전통적인 스카치위스키 중 하나로 손꼽히며, 이는 결과적으로 보면 더 잘된 일인지도 모릅니다.

최근 몇 년 동안 사업은 더 번창하고 있으며, 소유주는 새로운 증류소인 킬커란(Kilkerran)을 열 정도로 자신감에 차 있습니다. 스프링뱅크에서는 다양한 스타일의 위스키가 생산되며 스타일 간 편차도 아주 큰 편인데(예시. 피트향이 나는 롱로우(Longrow)) 지금 추천하는 이 위스키는 그야말로 표순입니다. '꼭 사야 하는 위스키' 리스트가 존재했다면 분명 이름을 올렸겠지만, 구하기가 매우 성가시고 까다로운 녀석입니다. 확실히 유명세가 엄청나게 확산된 모양입니다.

시음	색상	후각	
노트	미각	여운	185

86

생산자	뉴 월드 위스키 디스틸러리(New World Whisky Distillery Pty Ltd)
증류소	뉴 월드, 멜버른
방문자센터	있음
구매처	주류 전문점
웹사이트	www.starward.com.au
가격	◻◼

어디서	
언제	
총평	

Starward 스타워드

노바(Nova)

믿기 어려우시겠지만 100년 전까지만 해도 호주에는 상당히 발달한 증류 산업이 있었습니다. 해외로 이주한 스코틀랜드 사람들의 기호가 전파된 것인지 어쨌는지는 몰라도 이곳에서 위스키는 인기가 좋았습니다. 그러다 강력한 금주령이 시행되었으며, 최근까지도 호주 위스키는 세계시장에 별다른 족적을 남기지 못했습니다. 하지만 태즈메이니아에 위치한 작지만 활기찬 한 소규모 양조산업이 주위의 부러움을 살 만큼 큰 반향을 일으켰고, 그 뒤를 이어 후발주자들이 생겨나면서 산업의 규모를 키워갔습니다.

오늘날 호주는 맥주로 더 널리 알려졌지만, 위스키 또한 내수시장 수요로 인해 수출이 제한적임에도 불구하고 세계 시장에서 조용히 입지를 다지고 있습니다. 그 이유 중 하나는 2009년에 처음 출시됐지만 그 명성이 천둥처럼 빠르게 번지고 있는 스타워드와 같은 위스키들 덕분입니다. 호주 미식가들의 수도 멜버른에 본사를 둔 이 신세계 위스키는, 특히 호주산 와인 배럴을 사용한다거나 진저비어 캐스크 피니시를 시도하는 등 틀에 박히지 않은, 때때로 파격적인 위스키 제조 방식을 취해왔습니다.

잠재적 경쟁자를 감지해 내는데 매우 기민한 기존 업계는 스타워드에 주목했으며, 스타워드는 최근 디아지오의 벤처 캐피털 펀드로부터 투자 유치에 성공하며 사업을 크게 확장했습니다. 풍부한 자본, 인맥, 전문성을 바탕으로 스타워드는 생산량을 증대하고 방문자센터를 설립했습니다. 디아지오가 이미 산하에 차고 넘치는 증류소들을 거느리고 있기에 더 이상 욕심이 없지 않나 싶었지만, 뭐 하나쯤 더 추가되는 것도 나쁘지 않을 것으로 생각합니다.

어찌 됐든 생산량 증가는 수출용 위스키의 물량이 더 많아졌다는 것을 의미하고, 증류소의 효율성이 높아진다는 것은 초기 출시됐던 가격이 하락했다는 것을 의미하며, 스타워드가 지속해서 신제품 개발에 열의를 보인다는 것은 더 다양한 익스프레션이 출시되었다는 것을 의미합니다.

저는 이들의 호주산 보리로 양조해 아페라 캐스크에서 숙성시킨 솔레라 스타일을 좋아하는데, 아페라는 예전에는 '호주산 셰리'로 알려지기도 했습니다. 그 이후로 수많은 발전을 거듭하여 돌체(Dolce), 토니(Tawny), 혹은 포티스(Fortis) 익스프레션도 개발되었지만, 스타워드에 입문하려면 '시그니처 싱글 몰트'라고 불리는 노바보다 더 좋은 선택은 없습니다. 수많은 금메달을 수상하고 41% 알코올 도수에다 풀사이즈 보틀이 40파운드 미만인 이 제품은 정말 아름답습니다.

시음 노트	색상	후각
	미각	여운

87

생산자	빔 산토리
	(Beam Suntory)
증류소	해당 없음 - 블렌디드 위스키
방문자센터	산토리의 야마자키와 하쿠슈 증류소의 센터
구매처	주류 전문점
웹사이트	www.suntory.com
가격	▢▩

어디서
언제
총평

Suntory Whisky 산토리 위스키

토키(Toki)

한때 천덕꾸러기 취급을 받았던 일본 위스키는 최근 몇 년 동안 놀라울 정도로 인기가 늘었고 가격도 엄청나게 상승했습니다. 물론 훌륭한 일본 위스키는 얼마든지 있지만, 퀄리티와 가성비 두 마리 토끼를 잡기란 여간 어려운 일이 아닙니다. 특히 일본에서 증류된 진짜 일본 위스키를 마셔보고 싶다면 말입니다(78번 닛카 참조).

하지만 하이볼 칵테일의 부흥을 일으키기 위해 출시된 산토리의 토키 정도라면 안심입니다. 하이볼이 뭔지 잘 모르신다면 간단히 말해 위스키에 탄산음료를 섞은 칵테일인데, 듀어스로 명성을 얻은 토미 듀어(Tommy Dewar)가 발명했다고 알려져 있습니다. 그건 그렇고 지난 십 년 동안 어디 오지에서 살다 오셨습니까? 하이볼은 십여 년 전부터 트렌디한 바에서 유행하기 시작했으며, 위스키의 부흥에 아주 중요한 역할을 해냈습니다.

위스키와 탄산음료, 그게 뭐가 그렇게 대단하다는 거지? 라고 생각하실 수도 있습니다. 맞습니다, 별로 특별할 건 없습니다… 다만 숙련된 바텐더가 제대로 만든다면 위스키와 탄산음료는 매우 간결하면서도 즐거우며 아름다운 음료가 됩니다. 산토리 웹사이트에 있는 동영상을 참고하시면 이 칵테일을 제대로 서빙하는 데 유의해야 할 미묘하고도 난해한 뉘앙스들을 이해하실 수 있으실 겁니다.

혹은 하이볼 자판기가 있는 셀프서비스 바를 찾아가시는 방법도 있습니다. 슈퍼마켓 무인 계산대 수준의 정서적 유대감밖에 느끼지 못하지만, 점점 더 인기가 높아지는 추세입니다. 그러나 적어도 이 자판기에선 탄산수의 탄산감과 청량함을 유지하는 데 중요한 얼음이 매우 차갑게 관리되며 일관성 있는 맛을 유지합니다. 탄산감과 청량함은 낮은 알코올 도수와 함께 하이볼 칵테일의 매력에 큰 비중을 차지합니다.

토키는 하쿠슈(Hakushu) 몰트와 야마자키(Yamazaki) 몰트가 블렌딩 되었고, 치타(Chita) 그레인 위스키를 상당량 함유하고 있는데, 이때 치타 그레인 위스키는 단순히 몰트의 베이스 역할만 하는 게 아니라 전면에 풍미를 드러냅니다. 첫맛은 일견 단순해 보이지만 시간이 지남에 따라 복합적인 풍미를 드러냅니다.

차갑게 서빙하는 일본 위스키 입문으로 토키는 더할 나위 없습니다. 최상의 담음새를 위해서는 한때 트렌디한 칵테일 바의 전유물이던 커다란 둥근 얼음이 필요하겠지만, 이제는 집에서 실리콘 몰드로 간단하게 직접 만들 수 있습니다. 보기에도 멋있어지고 위스키 맛도 더 좋아질 겁니다.

시음	색상	후각
노트	미각	여운

88

생산자	디아지오 (Diageo)
증류소	탈리스커, 스카이 섬
방문자센터	있음
구매처	다양한 유통경로
웹사이트	www.malts.com
가격	

어디서	
언제	
총평	

Talisker 탈리스커

10년

디아지오의 오리지널 클래식 몰트 제품군 중 하나인 탈리스커는 대담하고 강렬하며 타협하지 않는 풍미로 오랫동안 사랑받아 온 제품입니다. 제 리스트에 소개한 몇몇 제품들과 마찬가지로 꽤 우악스러운 녀석입니다.

개인적으로 탈리스커의 위스키들은 제 취향이 아니지만, 많은 사람이 좋아하며 한번 이 스타일에 입맛을 들이면 완전히 팬이 되어버린다는 사실을 부정하긴 어렵습니다. 증류소를 직접 방문해 언덕 위의 오이스터 셰드에서 맛있는 굴을 안주 삼아 방금 먹은 그 껍질을 컵으로 위스키를 담아 마셔본 적이 있다면 더욱이 그렇습니다.

다양한 제품 중에서 저는 '표준(standard)'이라고 할 수 있는 10년 숙성 버전을 가장 추천하고, 그다음으로는 18년 숙성 버전을, 그다음에는 비숙성 제품군인 스톰(Storm) 중 하나를, 그다음엔 리미티드 에디션들 중 하나를, 그게 싫다면 맛있는 포트 캐스크 피니시로 알코올이 다소 부드러워진 포트 루이게(Port Ruighe)를 마셔볼 것을 권하고 싶습니다. 혹시 복권에 당첨되셨다면 3,500파운드 정도 하는 43년 숙성의 엑스페디션 오크 에이지드(Xpedition Oak Aged)가 흥미를 돋울 수 있을지도 모릅니다. 이 녀석에 대해선 딱히 드릴 수 있는 말이 없습니다. 왜 엑스페디션 철자 맨 앞에 'E'가 빠졌는지조차 말입니다.

아이네아스 맥도널드(Aeneas MacDonald)는 엄청난 파장을 몰고 온 그의 주요 저서 위스키(Whisky, 1930)에서 가장 영향력 있는 12가지 하이랜드 위스키 목록에 탈리스커를 클라넬리쉬(Clynelish)와 같은 반열에 올려놓았을 정도로 탈리스커는 오랜 팬층을 확보하고 있습니다. 역사적으로 중요한 초대 위스키 작가로부터 엄청난 찬사를 들은 셈입니다.

비교적 최근까지만 해도 탈리스커는 스카이 유일의 증류소였지만(더 정확히는 유일하게 합법적인 증류소) 최근에는 두 개의 소규모 진 생산업체와 인상적인 토라벡 증류소가 합류했습니다(93번 참조). 탈리스커 사람들은 이곳 위스키가 "바다에서 만들어졌다(made by the sea)"라고 주장합니다. 진짜 바다에서 숙성한 것도 아닌데, 저는 이 주장의 개연성을 개인적으로는 이해하기 어렵습니다. 하지만 바다를 야생으로 되돌리려는 훌륭한 비영리 단체인 '팔리 포 더 오션(Parley for the Oceans)'을 이들이 후원하고 있기 때문에 이 정도 수준의 말장난은 용서합시다.

게다가 이들은 이 책의 초판을 발행한 이래로 가격을 인상하지도 않았습니다. 이런 말을 자신 있게 할 수 있는 위스키는 거의 없습니다.

시음 | 색상   후각

노트 | 미각   여운

89

생산자	이안 맥클라우드 디스틸러스
	(Ian Macleod Distillers Ltd)
증류소	탐두, 녹칸도, 밴프셔
방문자센터	없음
구매처	주류 전문점
웹사이트	www.tamdhu.com
가격	▢▢▣▣

어디서 ....

언제 ....

총평 ....

....

Tamdhu 탐두

배치 스트렝스(Batch Strength)

셰리에 영향받은 스타일의 스페이사이드 위스키(맥켈란이나 글렌파클라스, 42번 참조)를 좋아한다면 탐두를 추천합니다. 상대적으로 잘 알려지지 않았고 과소평가 된 것 같지만 그런데도 주목할 만한 가치가 있습니다.

대중의 무관심은 어쩌면 탐두의 파란만장한 역사에서 기인할지도 모릅니다. 탐두는 1897년 빅토리아 위스키 붐이 끝나갈 무렵에 등장했습니다. 원 소유주 아래에서 문을 열었다가 닫고 다시 한차례 열었다가 닫았다가 마침내 2010년에 버려집니다. 그 무렵엔 위스키 업계가 한창 회복세였기 때문에 의아한 결정이지만, 아마도 다른 우선순위가 있었던 듯싶습니다.

증류소는 상당한 투자가 필요했기 때문에 이안 맥클라우드 디스틸러스에게 매각되었는데, 이들은 글렌고인(45번 참조)을 소유하고 있는 소규모 스코틀랜드 독립회사였습니다. 이 회사는 몇 년 전 같은 그룹에서 로즈뱅크(Rosebank)를 인수했으며, 복원하고 있던 차였습니다(다소 더디기는 했지만 말입니다). 맥클라우드는 탐두의 인사를 재발령하고 새롭게 단장하여 2013년에 다시 문을 열었습니다. 예전에 이곳 증류주는 주로 블렌딩에 사용되었지만 증류소는 따로 싱글 몰트로 출시할 만한 훌륭한 품질의 셰리 캐스크를 생산해 냈습니다. 오늘날에는 전부 올로로소 셰리 캐스크만을 사용해 위스키를 생산하는 유일한 증류소라는 것이 이들의 자랑거리입니다.

현재까지 10년, 12년, 15년 숙성 익스프레션들을 출시한 바 있으며 다양한 리미티드 에디션도 출시했습니다. 모두 꽤 멋진 녀석들입니다. 심지어 50년 동안 숙성한 녀석이 100병가량 있었는데, 안타깝게도 그리고 무례할지도 모르지만 저는 녀석이 너무 오래 숙성되어 나무향이 너무 강하고 균형미가 떨어진다 생각하여 별로라고 봅니다(배은망덕하게 들렸다면 무척이나 죄송합니다만 적어도 패키징은 상당히 좋았다고 생각합니다). 구미가 당기신다면 보틀당 15,000파운드 정도에 구매하실 수 있습니다.

하지만 저라면 대신 2021년 8월에 출시된 배치 6의 캐스크 스트렝스 에디션을 선택하겠습니다. 약 56%의 알코올 도수로 병입된 이 녀석은 스탠더드 버전보다 더 깊은 색감, 목 넘김, 풍미가 있습니다. 지난번 개정판에서 마지막으로 추천한 이후 가격이 약간 올랐지만, 눈에 띄는 패키지와 흥미로운 스토리텔링까지 겸비했기에 아직 괜찮은 가성비입니다.

안타깝게도 아직 방문자센터가 없는 것도 탐두가 상대적으로 잘 알려지지 않은 이유일지 모릅니다. 그런데도 거두절미하고 한번 마셔보십시오.

시음 노트	색상	후각
	미각	여운

193

90

생산자	틸링 위스키
	(Teeling Whiskey Company)
증류소	틸링, 더블린
방문자센터	있음
구매처	주류 전문점
웹사이트	www.teelingwhiskey.com
가격	■ ■

어디서

언제

총평

Teeling 틸링

스몰 배치(Small Batch)

틸링 가문은 아일랜드 위스키 부흥에 중요한 역할을 한 가문으로 증류 업계의 귀족으로 불립니다. 선조들이 더 리버티스(The Liberties, 런던 동쪽의 트렌디한 지역을 생각해 보시면 얼추 감이 오실 겁니다) 지역에서 활동하던 1780년대부터 더블린에서 증류주의 전통을 이어오고 있습니다. 저는 제 선조들이 뭘 하시던 분들이셨는지 들은 적조차 없습니다. 어쩌면 양 도둑이셨을지도.

하지만 틸링 가문이 증류주 역사 속에 다시 등장하기까지는 200여 년의 공백기가 존재합니다. 1987년 사업가 존 틸링(John Teeling)은 쿨리(Cooley) 증류소를 설립했고, 아들인 잭과 스티븐은 2012년 빔에 인수되기 직후까지 이 가족 회사에서 일했습니다. 하지만 이 가족의 기업가 마인드는 사내 조직 생활과는 맞지 않았고 얼마 지나지 않아 이들은 회사를 떠납니다. 존 틸링은 현재 그레이트 노던 증류소를 설립해 벌크 및 제삼자 보틀링을 진행하는 등 상당한 규모의 증류주를 생산하고 있으며, 그의 아들들은 리버티스 지역으로 돌아와 따로 증류소를 설립했는데 이는 125년 만에 더블린에 설립된 새 증류소이며, 이후 다른 증류소들이 뒤를 이었습니다.

엄선한 제삼자 보틀링 사업을 시작으로 증류소는 현재 그레인 위스키, 팟 스틸 위스키, 지금 소개하는 이 스몰 배치 같은 싱글 몰트, 그리고 힘 좋은 브라바존(Brabazon, 물론 저였다면 굳이 고장 난 여객기의 이름을 따서 위스키 이름을 지었을지는 모르겠습니다만) 등 다양한 자체 제작 위스키들을 선보이고 있습니다.

틸링은 제품 개발에 매우 적극적이었으며, 이미 축적하고 있던 경험과 높은 생산 전문성으로 인해 매우 합리적인 가격 정책을 펼쳤고, 이를 바탕으로 새로운 고객을 브랜드와 활기찬 방문자센터로 불러들였습니다. 이들의 신선한 사고방식과 혁신적인 태도는 아일랜드 증류 업계에 활력을 불어넣었는데, 저는 아직도 이곳의 이름을 달고 나온 보틀 중 상등품이 아닌 것을 맛본 적이 없습니다.

이 46% 알코올 도수의 스몰 배치는 걸작입니다. 럼 캐스크 피니시는 냉각 여과하지 않은 위스키에 기분 좋은 단향을 더하며, 일반 위스키보다 몰트 위스키 원액의 비율이 그레인 위스키 원액의 비율보다 높다고 알려져 있습니다. 이 형제들의 증조할아버지(로 추정되는 창립자)가 위스키 라벨에 자신의 이름이 새겨진 것을 자랑스러워할 만한 맛입니다. 저라도 그럴 겁니다.

시음	색상	후각
노트	미각	여운

91

생산자	티렌펠리 (Teerenpeli)
증류소	티렌펠리, 라티
방문자센터	있음
구매처	주류 전문점
웹사이트	www.teerenpeli.com
가격	■■□

어디서

언제

총평

Teerenpeli 티렌펠리

쿨로(Kulo)

Puhutaan Kaikki suomea(푸후탄 카이키 수오메아, 우리 모두 핀란드어로 이야기해 봅시다).

초저녁에 기분 좋게 취하고 싶을 때를 표현하는 단어는 누수후말라(nousuhumala), 나중에 거나하게 취해서 누구든 잡고 한바탕 싸우고 싶거나 토하고 싶은 기분을 표현하는 단어는 라스쿠후말라(laskuhumala). 우리 모두 한 번쯤 위와 같은 상황을 겪어봤을 겁니다. 그리고 이러한 상황들을 위해 따로 단어를 만들어 낸 멋진 언어는 어느 나라 말일까요?

티렌펠리는 '끼 부림', 혹은 '유혹'을 의미합니다. 이 위스키에는 끼를 부린다고 표현할 만한 요소가 전혀 없습니다. 진중하게 각 잡고 제대로 만든 위스키이며, 패키징 또한 훌륭합니다.

핀란드에서 소규모 증류 업장이 폭발적으로 늘어나면서 위스키가 우리 모두를 끊임없이 놀라고 기쁘게 할 수 있다는 것을 증명해 보이고 있습니다. 핀란드의 선구적인 벤처기업이었던 티렌펠리는 2002년에 위스키 생산을 시작했습니다. 사업은 번창했고 2015년에 공장을 확장하여 현재는 같은 가족 소유의 한 양조장과 부지를 공유하고 있습니다. 연간 생산량은 100,000리터가 넘지만 현지 마니아층이 두터워 생산량의 대부분은 핀란드 내수용입니다. 영국으로 공급이 원활하지는 않지만, 댓 부티크 위스키 컴퍼니(That Boutique-y Whisky Company)에서 올로로소 캐스크 버전을 보틀링해 마스터 오브 몰트 사이트를 통해 판매하고 있습니다.

하지만 발품을 팔 의향이 있다면 괜찮은 주류 전문점에서 10년 숙성 버전의 싱글 몰트나 카스키(Kaski)의 재고를 찾을 수 있을 겁니다. 사부(Savu)라는 이름의 피트향 위스키와 최근에 출시된 쿨로(Kulo)는 셰리 캐스크에서 7년간 숙성하고 50% 이상의 알코올 도수로 병입한 위스키입니다. 풍성한 풍미가 일품으로 양질의 우드와 엑스-올로로소와 엑스-페드로 히메네스 셰리 캐스크의 영향을 받은 것입니다. 특히 PX 셰리는 화려한 건포도 단향을 내는데 한몫 톡톡히 했습니다.

이곳 위스키는 저렴하지는 않지만 실망시키지 않는 맛입니다. 저는 지난 10년 동안 여기 위스키에 대해 계속 언급해 왔는데, 마침내 이곳이 공신력 있는 국제 와인&스피릿 대회(IWSC)에서 2020 월드와이드 위스키 프로듀서로 선정되었습니다. 역사적으로 위스키와 연고가 없는 핀란드의 외딴 지역에 위치한 작은 증류소가 카발란(58번 참조)과 미국의 사제락(Sazerac) 같은 유명 업체들을 제치고 수상자로 선정되었다는 것은 정말 멋진 일이고 받아 마땅한 영예였다고 생각합니다.

Luota minuun, pidät siitä(루오타 미눈, 피닷 시타, 제가 장담하건대 여러분 마음에 드실 겁니다).

시음 노트	색상	후각
	미각	여운

92

생산자   번 스튜어트 디스틸러스(Burn Stewart
          Distillers Ltd)

증류소   토버모리, 아일 오브 뮬
방문자센터   있음
구매처   주류 전문점
웹사이트   www.tobermorydistillery.com
가격   ▪▪▪

어디서

언제

총평

Tobermory 토버모리

12년

여러분이 Z세대 자녀가 있으시다면 토버모리를 아실 겁니다. 토버모리는 발라모리(Balamory)라는 TV 시리즈에서 배경이 되는 지역인데, 도저히 왜인지 알 수 없지만 극 중에 증류소 매니저 직업을 가진 캐릭터가 없습니다(역주: 토버모리는 스코틀랜드 북서부의 작은 항구 마을로, 이 지역의 주요 산업은 관광과 위스키). BBC에 뭘 바라겠습니까?

저는 항상 토버모리 증류소에는 낭만이 서려 있다고 생각해 왔습니다. 우선 헤브리디스 제도에 속한 섬이라는 점이 그렇습니다. 또 다른 이유는 변덕스러운 소유주들에 굴하지 않고 존속을 위해 싸워온 소규모 증류소라는 점이 그렇습니다. 토버모리는 1798년에 설립되어 오랜 기간 두각을 나타내지 못했는데 1970년대에는 두 차례나 증류소를 리뉴얼했었고, 나중에는 부동산 재개발의 위협을 받다가, 1993년 마침내 번 스튜어트(Burn Stewart)가 인수하게 됩니다. 옛날에 저도 이곳을 매입하려 한적이 있는데 그건 또 다른 이야기입니다.

당시 시장에는 토버모리 위스키와 레다이그(Ledaig, 피트향이 첨가된 스타일) 위스키가 출시됐었는데 이들 위스키의 대부분은 (어떻게 표현해야 할까요) 품질의 편차가 컸습니다. 솔직히 말해서 좋을 때는 괜찮은 편이었지만 나쁠 때는 끔찍했습니다. 하지만 최근 몇 년간은 계속 긍정적인 평판으로 자자합니다.

오늘날 우리가 마시는 토버모리 위스크는 오랫동안 증류 산업에 매진했던 소유주와 전통을 중시하는 당시 번 스튜어트의 마스터 블렌더이자 (좋은 의미에서) 열성적이었던 이안 맥밀런(Ian McMillan)의 지휘 아래 품질이 월등히 개선되었습니다. 이안은 결국 떠나갔지만, 그의 업적은 남아있으며 증류팀은 지금까지도 그의 업적을 계승해 발전시켜 나가고 있습니다. 업계에 몇 안 되는 여성 매니저이자 최연소 매니저 중 한 명인 증류소 매니저 카라 길버트(Cara Gilbert)는 현재 위스키와 더불어 진에도 같이 손대고 있습니다('아티산 증류소'인 만큼 이는 당연한지도 모릅니다. 아직 발전하는 단계이지만 그녀는 손수 열정을 바쳐 진을 만들고 있습니다.)

안타깝게도 15년 숙성 버전은 재고가 소진되었지만 12년 숙성 버전은 구매할 수 있습니다. 녀석의 형만큼 짙고 깊은 맛은 아니지만 신선한 과실미가 돋보이는 입문용 위스키입니다.

멋진 병과 보기 좋은 상자는 그림엽서에서나 볼 수 있을 것 같은 아름다운 증류소 전경만큼이나 감탄스러웠습니다. 안 그래도 저는 지금 막 이번 휴가철에 뮬(Mull)로 가는 배편을 예약하던 참이었습니다.

시음	색상		후각	
노트	미각		여운	

93

생산자	토라바이그 디스틸러리(Torabhaig Distillery Ltd)
증류소	토라바이그, 슬리트, 아일 오브 스카이
방문자센터	있음
구매처	주류 전문점
웹사이트	www.torabhaig.com
가격	■■■

어디서 ....

언제 ....

총평 ....

....

Torabhaig 토라바이그

더 레거시 시리즈(The Legacy Series)

제 생각에, 토라바이그를 짓는 사람은 부유하면서도 괴짜여야만 합니다. 안타깝게도 이 계획을 처음 제안한 이안 노블 경(Sir Iain Noble)은 후자의 조건을 충분히 갖추었음에도 불구하고 금전적으로 어려움을 겪고 있었고, 그가 사망한 후 이 부지는 버려진 황폐한 농장으로 남아있었습니다. 이 멋들어진 1820년대 건물이 다시 회생할 가능성은 없어 보였습니다.

하지만 이 근방의 또 다른 기사, 스웨덴의 억만장자 프레드릭 폴센 주니어 경(Sir Frederick Paulsen Jr)은 엄청난 거부임과 동시에 비현실적으로 보이는 도전을 피하지 않는 인물입니다. 북극해 14,196피트 밑바닥까지 내려갈 수 있는 사람, 초경량 비행기를 조종하여 베링해협(네덜란드계 러시아 항해사 비타스 베링을 본떠 이름 지어졌으며, 칠레의 가로길이보다도 더 넓은 53마일에 달하는 폭입니다)을 건너 얼어붙은 매머드를 발굴할 수 있고, 사우스 조지아의 쥐 개체 수 박멸을 위해 거금을 쾌척할 수 있는 사람이라면 1천만 파운드 예산이 책정된 문화재 복원을 추진하고, 원래 가축 축사로 설계된 좁은 공간에 연간 50만 리터를 생산할 수 있는 증류소를 짓고, 숙련된 팀을 고용하여 새로운 위스키 브랜드를 출시하는 이 모든 일들을 모닝 카푸치노 한잔 들고 F1 레이싱카를 운전하며 처리할 대수롭지 않은 사안 정도로 취급할 수 있을 겁니다.

F. 스콧 피츠제럴드(F. Scott Fitzgerald)의 말을 인용하자면 "초월적인 거부들은…저나 여러분들과는 태생적으로 다릅니다." 그런데도 프레드 경과 그의 숙련된 팀 덕분에 토라바이그는 사람을 끌어당기는 호감가는 멋진 위스키를 생산하며 살아 숨 쉬고 있습니다. 토라바이그의 2021년 첫 출시 제품은 발매 거의 즉시 매진되어 구하기가 어렵습니다. 하지만 부드러운 피트향을 생산하자는 토라바이그의 초기 목표치는 성공적으로 달성되었으며, 현재는 200리터에서 500리터까지 다양한 사이즈의 포트, 마데이라, 코냑, 소테른, 보르도 와인, 그리고 버진-유러피안 오크 캐스크에서 40여 가지 이상의 토라바이그 증류주가 숙성되는 중입니다. 차곡차곡 채워진 숙성창고에서는 위스키의 신 디오니소스 브로미오스(Dionysos Bromios)의 가장 열렬한 추종자조차 만족시킬 만한 다양한 제품이 만들어지고 있을 것으로 추정됩니다. 술의 신 디오니소스가 위스키 '투자' 커뮤니티의 투기꾼들과 이를 지켜보는 구경꾼들의 죄를 사해주시길 빌어 봅니다.

토라바이그가 실제로 완공될 수 있다는 사실 자체가 놀랍기 그지없음과 동시에 저를 무척 행복하게 합니다.

시음	색상		후각	
노트	미각		여운	

94

생산자	윌리엄 그랜트 앤 선즈 디스틸러리(William Grant & Sons Distillers Ltd)
증류소	탈라모어, 카운티 오필리
방문자센터	있음
구매처	다양한 구매처
웹사이트	www.tullamoredew.com
가격	☐

어디서	
언제	
총평	

Tullamore D.E.W. 탈라모어 듀

아이리시 위스키(Irish Whiskey)

어럽쇼, 요 녀석 참 저렴합니다! 라벨에 표시된 증류소에서 실제로 제조한(슬프게도 그렇지 않은 케이스도 많습니다) 제대로 된 아일랜드 위스키 한 병을 25파운드 미만으로 구입할 수 있습니다. 이보다 더 좋을 수 있겠습니까?

아일랜드 위스키는 지난 몇 년 동안 꾸준히 성장해 왔는데, 대표적으로 윌리엄 그랜트 앤 선즈는 탈라모어 외곽에 수백만 달러를 투자해 최첨단 증류소, 창고 및 병입 시설을 설립하고 이미 2022년 초에 방문자센터 또한 추가했습니다.

그랜트 쪽 사람들은 작정하고 위스키를 만드는 꾼들이니 이 녀석이 싼 맛에 휘뚜루마뚜루 어중이떠중이 같은 녀석은 아닐지 걱정하지 마십시오. 제대로 된 작품이 나왔습니다. 게다가 솔직히 말해서 우리가 항상 진귀하고 섬세한 위스키만 찾습니까? 종종 친구들과 잔 안에 내용물에 대해서 진지하고 깊이 있는 토론할 필요 없이 부담 없이 잔을 들고 싶을 때가 있습니다. 게다가 한 잔 더 따를 때마다 가격 때문에 움찔할 필요가 없다는 것도 장점입니다(특히나 이러한 성격의 모임에서는 말입니다).

그 때문인지 탈라모어 듀는 실제로 제임슨 다음으로 가장 많이 팔리는 아일랜드 위스키이며, 일부 동유럽 시장에서는 판매량 1위를 차지하고 있습니다. 제임슨이 매우 거대한 미국 시장을 장악하고 있지만 그랜트도 장기적으로는 비슷한 야망을 품고 있다는 것을 확신하셔도 좋습니다.

게다가 합리적인 가격으로 12년, 14년 또는 18년 숙성의 익스프레션으로 업그레이드할 수 있으며 럼이나 시드르 캐스크 피니시처럼 이노베이션 캐스크 피니시들도 경험하실 수 있습니다. 시드르 스타일은 스카치위스키 증류 회사가 시도할 만한 접근방식은 아니지만 비공식 시음회에선 흥미로운 토론이 오가고 있습니다. 전반적으로 탈라모어는 가격과 품질 모두를 만족하여 아일랜드 위스키를 부담 없고 간편하게 접할 수 있도록 합니다.

추신: 이름에 '듀(D.E.W.)'는 어느 따사로운 아침의 아일랜드 초원 풀잎에 맺힌 물방울처럼 달콤한 '이슬'을 연상케 하는 시적인 표현이 아닙니다. 과거 마구간지기 소년에서 증류소 소유주로 성장한 다니엘 에드먼드 윌리엄스(Daniel Edmund Williams)의 이니셜을 따 지은 것입니다.

시음	색상		후각	
노트	미각		여운	

95

생산자	레니게이드 워터포드 디스틸러리
	(Renegade's Waterford Distillery Ltd)
증류소	워터포드, 그래턴 퀘이, 워터포드
방문자센터	없음 - 선약 후 방문 가능
구매처	주류 전문점
웹사이트	www.waterfordwhisky.com
가격	■■■

어디서	
언제	
총평	

Waterford 워터포드

바이오다이내믹 루나 1.1(Biodynamic Luna 1.1)

세계 최초의 바이오다이내믹 위스키이자 테루아(terroir 혹은 téireoir)라는 개념에 올인한다고 주장하는 증류소가 여기 있습니다. 테루아는 와인에서 유래한 용어로 보리 품종, 미기후 및 토양이 증류주의 특성에 미치는 영향을 의미합니다. 위스키 세계에서는 이 개념은 논란의 여지가 많은데, 많은 증류 장인이 새로운 위스키를 숙성하는 캐스크가 그보다 훨씬 더 중요하다고 믿고 있기 때문입니다. 이는 오늘날 캐스크와 다양한 피니시에 대해 수많은 문헌이 존재하는 이유이기도 합니다.

하지만 워터포드 프로젝트를 막후에서 책임지던 마크 레이니어(Mark Reynier)는 브룩라디 출신이지만 원래 와인 사업가였으므로 테루아의 중요성을 열정적으로 믿고 그 중요성을 증명하기로 결심했습니다. 그는 2015년 이전 거래처 투자자들의 많은 지원을 받아 양조장 하나를 인수하여 최첨단 장비를 갖춘 증류소로 탈바꿈시켜 자신의 이론을 증명하는 위스키를 생산하고 있습니다.

오늘날 우리는 싱글 팜 오리진, 아카디안(Arcadian) 시리즈, 그리고 쿠비스(Cuvées)로 이름 지어진 당황스러울 정도로 다양한 보틀들을 직접 보고 판단할 수 있습니다. 이들의 강박적으로 섬세한 웹사이트를 방문하는 위스키 마니아나 호기심에 들른 사람들은 방대한 양의 세부 정보에 빠져들게 되며, 이들의 진지한 '사설'을 읽으며(멍청한 사람들은 이것을 '블로그'라고 부르지만, 그런 가벼운 명칭은 이곳에 실린 강렬한 목적의식을 제대로 전달하지 못합니다) 19가지 토양 유형에서 자라나는 보리(일부는 유기농, 일부는 바이오 다이내믹)를 공급하는 97개의 아일랜드 농장에 대해 배울 수 있습니다.

여러분이 짐작하시듯이 개개인 농가 작물의 다양한 특성들을 포착하기 위해서는 각 농가의 작물을 수확, 저장, 몰팅, 증류 및 병입할 때 컨디션을 일일이 개별적으로 추적할 수 있는 상당한 정보 관리 시스템이 필요합니다. 여기 보틀을 몇 번 마셔본 결과, 저는 이들의 테루아 방법론을 완전히 신뢰하고 있으며, 모든 상자에 있는 개별 테루아 코드에는 지도, 수확에 관한 디테일과 농부 및 증류 및 캐스크의 이력을 자세히 살펴볼 수 있습니다.

병마다 거의 무한대에 가까운 변주가 가능하기 때문에 원 팜 오리진 익스프레션을 추천하는 것은 실질적으로 불가능하지만 미니 시음 키트를 구매하시는 건 가능합니다. 하지만 아카디안 시리즈의 바이오다이내믹 루나 1.1은 워터포드 증류소의 정체성을 매우 간결하게 잘 표현하고 있으며 개성이 아주 뚜렷한 위스키입니다.

시음	색상		후각	
노트	미각		여운	

생산자	웨스트 코크 디스틸러스(West Cork Distillers Ltd)
증류소	웨스트 코크, 스키베린, 카운티 코크
방문자센터	건설중
구매처	주류 전문점
웹사이트	www.westcorkdistillers.com
가격	▢ ▢

어디서	
언제	
총평	

West Cork 웨스트 콕

보그 오크 차드 캐스크(Bog Oak Charred Cask)

현재 아일랜드 위스키 시장의 호황과 연간 450만 리터의 위스키 생산 능력을 고려할 때 웨스트 콕 증류소에 대한 소식이 별로 들려오지 않는 것은 이상한 일입니다. 이 회사는 2003년 어느 누 군가의 주거지 단칸방에서 설립되었지만, 인하우스 브랜드인 일부 진과 제삼자 보틀링 위스키에 힘입어 놀라운 성장을 이루었습니다. 그런데도 이들은 겸손함을 유지하고 있으며, 일부 신규 업장에서나 볼 수 있는 열정과 자기 확신으로 가득 차 있습니다.

이들의 스토리는 무일푼부터 시작한 한 편의 성공 신화이며, 아일랜드 이쪽 지방은 고용의 기회 가 흔치 않기에 이들의 성공은 인근 지역 사회에게도 희소식입니다. 식품학자 존 오코넬 박사 (Dr John O'Connell)와 사촌 제라드와 데니스 맥카시(Gerard & Denis McCarthy, 둘 다 배를 타는 어 부였습니다)가 처음 중고 스위스산 소형 스냅스 스틸을 설립했을 때만 해도 경제성이 거의 없었 습니다. 그렇기에 이렇게 이들의 꺾이지 않은 개척 정신에 경의를 표할 수 있게 되어 기쁩니다. 이들은 이후, 오래된 가정용 보일러를 개조하여 당시 세계에서 가장 빠른 스틸로 유명했던 더 로켓(The Rocket)을 자체 제작하기도 합니다.

그후 영국 헤일우드(Halewood) 그룹의 투자가 이어졌고, 2014년에는 스키베린의 마켓 스트리 트로 본격적으로 이전하여 현재 12.5에이커 규모의 부지에서 증류소를 운영하고 있습니다. 헤 일우드는 2019년 9월 아일랜드 납세자가 아일랜드 소유권을 유지하기 위해 1,800만 유로를 투 자하여 매입했습니다. 현재 증류소 견학은 가능하지만 방문자센터는 건설 중입니다.

그렇다면 여기 위스키는 어떨까요? 이곳의 위스키 캐스크 클럽(Whiskey Cask Club)은 매우 합 리적인 가격대이며, 제가 지금까지 본 것 중 최고의 개인 캐스크 구매 거래 옵션 중 하나를 제공 합니다. 클럽 멤버십은 전 세계적으로 확산되고 있으며, 이는 웨스트 콕 커뮤니티의 분위기를 반영합니다.

이들의 익스프레션은 매우 다양하고 창의적이며, 특이한 캐스크 피니시도 다수 포함되어 있습 니다. 다양한 제품군 중에서도 저는 삼중 증류한 보그 오크 캐스크가 가장 마음에 들었습니다. 싱글 몰트 아일랜드 위스키를 셰리 캐스크에서 숙성시킨 후 근방 글렌개리프 늪지에서 나고 자 란 나무로 만든 오크통에서 4~6개월 더 숙성시킨 후 피니시한 제품입니다.

시음 노트	색상	후각
	미각	여운

97

생산자	웨스트랜드 디스틸러리(The Westland Distillery Company Ltd), 레미 코인트로 (Remy Cointreau)
증류소	웨스트랜드, 시애틀, 워싱턴
방문자센터	있음
구매처	주류 전문점
웹사이트	www.westlanddistillery.com
가격	■ ■ ■ ■

어디서

언제

총평

Westland 웨스트랜드

아메리칸 오크(American Oak)

2010년에 설립된 웨스트랜드는 2016년에는 위스키 잡지의 올해 크래프트 프로듀서로 선정되는 영예를 안았습니다. 따라서 미국 싱글 몰트계의 선두 주자임은 틀림없지만, 오늘날에는 대기업의 회유에 넘어간 '크래프트 증류소' 대열에 합류했습니다. 실질적 소유주는 좋게 보자면 이미 브룩라디 증류소를 경영하며 자비로운 소유주임을 입증한 레미 쿠엥트로(Rémy Cointreau)입니다. 하지만 아일라의 사람들처럼 웨스트랜드 사람들도 꽤 진중한 성격입니다. 이곳 사람들은 항상 잔걱정이 많은 기질을 미덕이자 '철학'으로 삼으며, 위스키 마니아들의 마음을 기쁘게 해 줄 정성 가득한 세심한 손길이 이곳 웹사이트 곳곳에서 발견됩니다. 이곳 증류소의 스트라이크-워터(strike water, 역주: 매싱 과정 중 맨 처음에 곡물에 섞어 발효시키는데 쓰는 물을 뜻하며, 주로 65°C에서 70°C 정도에서 한 시간 정도 발효시킴)의 온도가 궁금하신 분이라면 웹사이트에서 확인하실 수 있습니다(여러분의 수고를 줄여드리기 위해 말씀드리자면 69°C입니다).

실제로 제가 만약 증류소를 새로 설계하게 된다면 힘들게 계획을 세우는 대신, 이곳 웹사이트에서 몇 페이지 인쇄해서 엔지니어와 건축업자에게 이대로 지어달라고 지시하면 바로 짓는 게 가능할 정도로 구구절절 장황한 설명을 담고 있습니다.

그러나, 가르치려는 투의 훈계조 내레이션과 자신들의 철학적 우수함을 강조하는 진부한 대본을 담은 웅장한 오프닝 비디오에도 불구하고 이들의 방향성은 분명히 효과를 보고 있습니다.

주주들은 엄청난 돈을 벌었고, 마니아층들도 대만족 시켰으며, 이곳 제품들은 프리미엄가에 팔리고 있습니다. 일례로 개리아나 오크 아메리칸 싱글 몰트(Garryana Oak American Single Malt)는 약 165파운드에 판매되는데, 이는 짧은 숙성 기간을 거친 위스키치고는 꽤 비싼 가격입니다.

아메리칸 싱글 몰트는 이제 매우 확고하게 하나의 트렌드로 자리 잡았고, 모두의 관심 속에 자신들만의 규칙을 새로 만들어 가고 있습니다. 웨스트랜드는 기존 질서에 의문을 제기하고 흥미로운 신제품들로 새 길을 개척하고 있는 선구자입니다. 레미 쿠엥트로가 대규모 자본을 여기 증류소로 편성해 둔 게 이 때문임에 틀림없습니다. 개리아나는 토종 수종인 개리아나 오크를 이용해 웨스트랜드가 벌이는 다양한 사업들의 결실입니다. 이들은 새로운 나무를 심고 한때 멸종 위기였던 이 토종 수종의 서식지의 토양과 생태계 다양성의 수복을 위해 힘쓰고 있습니다.

70파운드라는 상대적으로 저렴한 가격대의 플래그십 아메리칸 오크는 셰리 우드와 피티드 두 가지 피니시로 만날 수 있습니다. 스카치는 아니지만 그 점이 오히려 매력 포인트입니다. 주목할 만한 가치가 있는 녀석입니다.

시음	색상	후각
노트	미각	여운

98

생산자	캄파리 아메리카(Campari America, LLC)
증류소	와일드 터키, 로렌스버그, 켄터키
방문자센터	있음
구매처	다양한 구매처
웹사이트	www.wildturkeybourbon.com
가격	◻◼

어디서	
언제	
총평	

Wild Turkey 와일드 터키

101 켄터키 스트레이트 버번(101 Kentucky Straight Bourbon)

최근 몇 년간 위스키를 둘러싼 엄청난 거품과 흥분과 화젯거리(백만 파운드짜리 보틀, 엄청난 수익을 보장하겠다며 선심 쓰듯 다가오는 사람들의 캐스크 '투자' 사업 제안, 끊임없이 출시되는 초장기 숙성 위스키 등) 속에서 세대를 뛰어넘어 꾸준히 사랑받는 클래식 위스키를 잊는 불상사가 종종 있곤 합니다.

한 가지 예시를 들자면, 여기 와일드 터키 101 버번은 부드러운 풍미와는 다르게 50.5%의 높은 알코올 도수를 자랑합니다. 미국에서 많이 팔리는 버번 중 하나이며, 60년 이상 '버번계의 부처'로도 유명하며 '마스터 디스틸러 중에 마스터 디스틸러'로 인정받은 제임스 C. '지미' 러셀(James C. 'Jimmy' Russell)의 지도 아래 빚어졌습니다. 비록 현재는 30년 이상의 경력을 가진 그의 아들 에디(Eddie)가 마스터 디스틸러로서 그 명성을 이어가고 있지만, 전자의 명성은 앞으로도 아마 깨질 일이 없을 겁니다.

지금까지 이들의 업적으로만 봐도 이 증류소가 뭘 좀 아는 증류소라는 결론을 내릴 수 있습니다. 그러나, 다수의 피니시와 한정판 제품의 출시에도 불구하고, 101 버번은 브랜드의 심장이자 정체성 그 자체입니다. 더군다나 이는 2009년 4월 와일드 터키 브랜드와 증류소가 이탈리아의 그루포 캄파리에 매각된 이후에도 유효합니다.

매각 건에 대한 우려의 목소리도 있었지만, 캄파리는 멋들어진 방문자센터를 새로 짓는데 투자하고 기민하고 장기적인 전략으로 버번 회복세에 편승하는 등 증류소 안팎을 살뜰히 챙기는 세심함을 겸비한 소유주임이 밝혀졌습니다. 게다가 제품이 많이 팔리고 오랫동안 대중들에게 두루 소비되어 왔다고 해서 그 제품이 최고급이 아니라는 의미는 아님을 기억해야 합니다. 생각해보면, 대규모 생산을 통해 얻을 수 있는 규모의 경제와 경험 많은 팀의 안정감 있는 운영, 소규모 경쟁업체들이 부러워할 만한 방대한 재고는 종종 엄청난 가성비를 겸비한 수작을 탄생시킵니다.

지금 이 녀석이 바로 그런 경우입니다. 단돈 35파운드 미만의 가격으로 이 풍부하고 부드러운 클래식 버번을 즐길 수 있는데, 특히나 6년간의 숙성 기간과 스트렝스를 고려하면 더욱 그렇습니다. 녀석은 (더 고가의) 101 라이 위스키와 몇 가지 희귀한 레어 브리드(Rare Breed) 스몰 배치 제품군과 비견될 만합니다.

시음	색상	후각
노트	미각	여운

생산자	화이트 픽 디스틸러리(White Peak Distillery Ltd)
증류소	화이트 픽, 앰버게이트, 더비셔
방문자센터	있음
구매처	주류 전문점
웹사이트	www.whitepeakdistillery.co.uk
가격	◼◼◻

어디서	
언제	
총평	

Wire Works 와이어 웍스

싱글 몰트 잉글리시 위스키(Single Malt English Whisky)

놀랍게도 이 책에서 다섯 번째로 등장하는 잉글랜드산 위스키입니다.

이 책의 초판(2010년)을 돌이켜보면 루덤(Roudham)의 잉글리시 증류소(31번 참조) 단 한 곳만 순위에 들었습니다만, 101개라는 제약만 없었더라면 더 많은 잉글랜드산을 포함했을 수도 있을 정도로 그동안 잉글랜드산 위스키는 드라마틱한 성장을 이룩했습니다.

훌륭한 진의 생산지이기도 한 화이트 픽 증류소는 350만 파운드가 투입된 프로젝트인데, 세계 문화유산으로 지정된 지역의 심장부에 위치한 울창한 산림의 더웬트강 유역 옛 와이어 공장(증류소 이름이 여기에서 유래했습니다)에 자리하고 있습니다. 더비셔 지역에 뿌리를 둔 지극히 잉글랜드다운 무언가를 만들어 내고자 하는 의지와 뚜렷한 역사의식을 가지고 증류소를 건립했기에, 공장을 건설하는 데 도움을 준 지역 단체들과 발효에 필요한 효모를 공급하는 인근 양조장의 역할을 의도적으로 중요하게 인식하는 행보를 보입니다.

10여 년 전부터 시작된 이 프로젝트가 진행되는 동안 저명한 짐 스완 박사 같은 전문가 컨설턴트들의 조언을 받기도 했지만, 공동 창립자인 맥스와 클레어 본(Max & Claire Vaughan)은 지역 전통을 살리면서도 자신들만의 방식을 찾기 위해 고심해 왔습니다. 5,000보틀 남짓의 첫 위스키는 2022년 1월에 출시되었지만, 상당한 양의 원액이 창고에 준비되어 있으므로 다양한 스타일과 피니시의 후속 제품 출시가 기대되고 있습니다.

초기 출시 제품은 피트 처리를 하지 않은 잉글랜드산 보리를 주로 사용했는데 20퍼센트 정도는 피트 처리된 스코틀랜드산 보리를 사용하여 과실향이 주가 되면서도 은은한 피트향이 특징적인 위스키를 선보입니다. 스완의 영향은 그의 시그니처인 STR 캐스크의 사용에서 극명하게 드러나지만, 증류소는 또한 상징적인 헤븐 힐(Heaven Hill) 증류소로부터 직접 공급받는 구 버번 배럴을 혼용하기도 하여 전문 컨설턴트들의 지식과 지역 전통 두 가지를 융합하는 데 성공했다는 점이 인상적입니다. 화이트 픽의 놀라운 세련미와 성숙함, 그리고 자신들만의 하우스 스타일을 창조해 내기 위한 실험정신의 결정체라 할 수 있습니다.

옛 와이어 공장과의 연관성을 형상화한 독특한 보틀부터 50.3%의 초기 보틀링 알코올 도수까지, 이 제품은 세련된 신생 증류소의 대담하고 자신감 넘치면서도 자기 확신이 묻어나는 한방입니다. 이 위스키의 기본기 또한 물론 탄탄합니다.

시음	색상		후각	
노트	미각		여운	

100

생산자	브라운-포먼 코퍼레이션(Brown-Forman Corporation)
증류소	우드포드 리저브, 베르사유, 켄터키
방문자센터	있음
구매처	다양한 구입처
웹사이트	www.woodfordreserve.com
가격	▪▪

어디서	
언제	
총평	

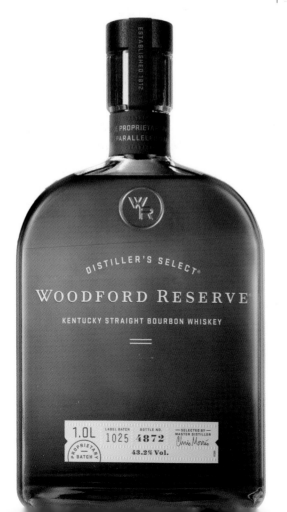

Woodford Reserve 우드포드 리저브

디스틸러스 셀렉트(Distiller's Select)

이 게으른 이안 녀석! 또 우드포드 리저브를 뒤쪽에 놓다니! 사실, 이는 제가 이 책에서 다섯 번째(매 개정판마다) 저지른 일입니다. 여러분은 어쩌면 제가 나태해졌다거나 101번째 항목에 가까워지면서 많이 지쳤다고 생각하실 수도 있습니다만 실은 전혀 그렇지 않습니다. 우드포드 리저브는 엄청난 가성비를 고려하지 않더라도 이보다 절반 정도 되는 길이의 목록에서도 절대 빠질 수 없는 위스키입니다. 녀석의 위치는 순전히 알파벳 순서에 따른 결과입니다.

솔직히 가격표를 확인한 후에는 감히 이 위스키를 제외할 생각은 추호도 들지 않았습니다. 이토록 훌륭한 비하인드 스토리, 스타일리시한 외관, 변함없는 품질, 그리고 30파운드 초반대의 가격표까지 모두 갖춘 위스키는 드뭅니다. 선택하지 않을 이유가 없지 않습니까?

이 위스키의 특징에 대해 간단히 다시 설명해 드리자면, 최초의 싱글 배치 버번 중 하나이며, 싱글 몰트 스카치 열풍에 대한 미국의 대응책이자 블루칼라 이미지가 강했던 버번을 다시 한번 세련되게 만들어 보려는 시도였습니다. 일관되게 상등품의 제품을 계속 생산하기까지는 1,400만 달러를 들여 낡은 라브로트 앤 그라함(Labrot & Graham) 증류소를 재건하고, 가족 소유 기업(물론 상장했기에 주식매입은 몇 년 전부터 가능했지만, 그때 주식이 더 매각됐더라면 증류소는 지금과 같은 명성에 이르지 못했을지도 모릅니다. 주의: 이는 투자 권유 문구가 아닙니다. 다른 주류회사 주식도 매매 가능하다는 걸 알려드립니다.)의 장기적인 헌신과 재능 넘치는 증류팀이 필요했습니다.

모회사인 브라운-포먼 코퍼레이션은 잭 다니엘스(Jack Daniel's, 너무 뻔한 선택이라서 여기에 포함하지 않았습니다)과 올드 포레스터(올드 포레스터는 아주 훌륭하고 더 잘 알려져야 하므로 80번 항목을 참조하십시오)와 스코틀랜드산 싱글 몰트 3종을 소유하고 있습니다. 네, 맞습니다, 이 책에 그 세 가지가 전부 포함되어 있습니다(11번, 41번 그리고 44번). 여기까지 보고도 이 회사의 참모습이 느껴지지 않으신다면 지금까지 집중하지 않으셨단 뜻입니다.

디스틸러스 셀렉트 제품군은 이 '엔트리 레벨'(이보다 더 적절한 설명은 없습니다) 제품과 몇몇 색다른 익스프레션들을 아우르고 있습니다. 유일하게 아쉬운 점은 이들이 한정판 바카라 에디션(Baccarat Edition)의 출시가 적절했다고 생각했다는 점입니다(가격대는 말도 꺼내지 마십시오). 예, 매우 우아한 제품임이 틀림없지만, 다른 모든 향을 덮어버리는 이 백합향을 어쩐답니까.

그건 그렇고 이제 한 녀석만 남았군요. 냉큼 위스키 한 잔 따르세요. 여러분은 마실 자격이 있습니다!

시음 노트	색상		후각	
	미각		여운	

101

생산자	앰버 베버리지 그룹(Amber Beverage Group)
증류소	공개되지 않음
방문자센터	없음
구매처	주류 전문점
웹사이트	www.walshwhiskey.com
가격	□■

어디서	
언제	
총평	

Writers Tears 라이터즈 티어스

코퍼 팟(Copper Pot)

가끔 라벨을 읽을 때마다 거슬리긴 하지만, 저는 라이터즈 티어스가 이름에서 아포스트로피(')를 누락시킨 것에 대해 용서해 주기로 했습니다. 그러나 한편으로 위스키 책을 쓰면서 흘리는 기쁨, 좌절, 흥분, 그리고 또 좌절의 눈물을 위스키에 빗대 표현할 수 있다니 이 얼마나 멋진 일입니까? 조이스(Joyce), 베켓(Beckett), 와일드(Wilde), 쇼(Shaw)가 영감을 얻기 위해 고군분투할 때 곁에 두고 마셨을 아이리시 팟 스틸 위스키보다 더 좋은 선택지는 없을 것입니다. 이들 작가가 울 때 눈물 대신 위스키가 흘렀다는 설의 진위가 무엇이든 간에 그 자체로 꽤 유쾌한 발상입니다.

월시 위스키(Walsh Whiskey)에는 눈물 없이는 들을 수 없는 한 편의 서사가 있습니다. 1999년 부부인 버나드와 로즈마리 월시(Bernard & Rosemary Walsh)가 칼로우 카운티에 독립 보틀링 회사를 설립했는데, 이 회사는 부러움을 살 만한 수출망을 구축하고 2016년에는 이탈리아의 일바 사론노사와 제휴하여 자체 증류소를 열기에 이르렀습니다. 그러나 증류소 발전 방향성에 대한 견해 차이로 인해 파트너십은 곧 결렬되었고, 오늘날 로얄 오크(Royal Oak)로도 알려진 이 증류소는 이 이탈리아 그룹에 완전히 장악당하게 됩니다.

월시 위스키는 브랜드를 계속 유지해 오고 있었지만, 2021년 11월, 위스키업계에 처음으로 진출하는 룩셈부르크의 앰버 베버리지 그룹에 매각되고 맙니다. 당시 보도자료에 따르면 버나드 월시는 회사에 전무이사로 남았다고 전해집니다.

이제 이 신파극 얘기는 그만합시다! 이상하게도 요즘처럼 투명성을 강조하는 시대에 맞지 않게 아무도 인정하려 들지 않지만, 이 녀석은 팟 스틸에서 나온 원액과 코크 미들턴 증류소의 아이리시 싱글 몰트의 혼종이라 할 수 있습니다. 집필 중에 이 위스키가 글라스에 떨어지며 경쾌한 간주를 들려주는 동안 든 생각이지만 원액의 출처야 어찌 되었든 이 녀석은 엄청난 가성비까지 갖춘 아주 멋진 녀석입니다.

최근 들어 라이터즈 티어스 제품군이 확장되었습니다. 브랜드 웹사이트에 있는 플레이버 휠을 제공하는 획기적인 인터랙티브 툴이 있어 본인에게 가장 잘 맞는 맛의 밸런스를 파악할 수 있고, 개인 맞춤의 플레이버 휠을 프린트하고, 본인 취향에 가장 근접한 라이터즈 티어스 익스프레션을 선택할 수 있도록 해놓았습니다. 리서치를 핑계로 이것저것 만져보며 글 쓰는 고된 일을 잠시나마 모면할 수 있었던 재미있는 시간 때우기였습니다. 뭐 어쨌든 핑계는 좋으니 말입니다.

시음	색상		후각	
노트	미각		여운	

위스키를 맛보고
이 책을 사용하는 법

위스키를(어떠한 위스키든) 시음하는 방법은 간단합니다. 위스키 한 모금에서 최상의 결과치를 뽑아내기 위해서는 다음과 같은 간단한 규칙을 따라주십시오.

1 제대로 된 잔을 사용하십시오. 텀블러는 있으나 마나 합니다. 지금 여러분들에게 필요한 건 글렌캐런(Glencairn) 크리스털 위스키 글라스나(온라인상에선 www.glencairn.co.uk에서 구매 가능) 위스키 익스체인지의 훌륭하고 스타일리시한 프로페셔널 블렌더스 글라스(Blenders' Glass, 저렴하지는 않지만 성능 면으로 따져보면 그만한 가치가 있습니다)입니다. 만약 그런 잔을 구할 수 없다면 셰리 코피타 잔(Sherry Copita)이나 브랜디 스니퍼(Brandy Sniffer) 잔으로 금방이라도 사라질 듯한 미세한 향들을 응축해 '코'로 느껴보십시오.

2 느껴지는 향과 맛을 머릿속에 축적된 기억들과 연관 지어 보십시오. 예를 들어 갓 깎은 잔디에서나는 풋내라든가, 바닐라 맛 토피향, 혹은 진한 과일향 케이크 등을 연상하면 됩니다.

3 글라스에 약간의 물을 첨가하십시오. 증류주에 물을 첨가하면 향이 더 열리면서 알코올 때문에미각이 둔화되는 걸 막을 수 있습니다.

4 위스키를 입 안에 넣고 '씹는다'는 감각으로 입안 구석구석 굴리십시오. 금방 삼키지 말고 입 안에 머금으면 위스키 향이 점점 개화합니다. 위스키는 수년에 걸쳐 숙성되었습니다. 단 몇 초간의시간이라도 더 주면 풍미는 한층 더 풍부해집니다.

5 마지막으로 '여운' 혹은 다 마시고 입안에 맴도는 잔향에 대해 생각해 보십시오. 잔향이 초반부부터 후반부까지 같은 향으로 동일하게 표현됩니까? 아니면 시간이 지날수록 다른 향으로 변화해갑니까?

긴장을 풀고 계속 연습하다 보면 위스키 특유의 풍부한 풍미를 발견하실 수 있을 겁니다.

여러분이 외국의 낯선 땅으로 여행을 떠나려 한다고 상상해 보십시오. 그리고 이 책을 낯선 외국을 여행할 때 쓰는 가이드북처럼 활용해 보십시오. 여러분이 몰랐거나 무시하고 지나쳤을 만한 명소들을 알려 줄 것입니다. 제가 모든 답을 가지고 있다고 주장하는 것은 아닙니다. 저는 여러분이 어떤 위스키를 좋아하는지도 모르고 제가 좋아한 위스키를 똑같이 좋아할 거라고 단정 지을 어떠한 근거도 없습니다. 그래서 이 책에서 위스키에 점수를 매기지 않은 것입니다. 하지만 이 리스트에 포함한 모든 위스키에는 저마다 합당한 이유가 있으며, 여기 위스키들은 동류에 속하는 위스키들 중 표본이 될 특별한 위스키들이라는 것을 확신하고 있습니다.

그러니 한 번쯤은 마셔보십시오. 죽기 전에는 말입니다.

위스키 구입처

이 책을 가장 즐겁게 읽는 방법은 요새 그 수가 한창 증가하고 있는 다양한 위스키를 구비해 놓은 위스키바를 방문하는 것입니다. 그곳에서 여러분의 마음에 드는 위스키를 고르셨다면, 전 세계에 고루 분포되어 있으며 점점 늘어나는 추세인 위스키에 특화된 오프 라이선스(주류 판매점)를 찾아가는 것입니다. 이들 중 상당수는 전문지식과 열정을 두루 겸비한 점원들을 갖추고 있으며, 훌륭한 서비스를 제공합니다. 제가 기억하는 바만으로도 저 멀리 스위스, 싱가포르, 뉴질랜드 그리고 미국에서까지도 이러한 점포들이 존재하는 걸로 압니다. 이 지역을 다 염두하고 집필하기에는 너무나도 스펙트럼이 넓어 감당이 안 되기에 제 정신건강을 위해, 좋은 위스키 전문 소매점이 많아 선택의 폭이 넓은 영국을 기준으로 구입처 리스트를 작성했습니다. 다음의 업체들은 그중에서도 특별히 훌륭한 온라인 쇼핑 인프라를 갖추고 있으며 해외 배송도 합니다. 하지만 세부 사항은 국가마다 다를 수 있으니 주문하기 전에 먼저 확인해 보십시오.

- **마스터 오브 몰트(Master of Malt)**
  www.masterofmalt.com

- **로얄 마일 위스키, 에덴버러(Royal Mile Whiskies, Edinburgh)**
  www.royalmilewhiskies.com

- **더 위스키 익스체인지, 런던(The Whisky Exchange, London)**
  www.thewhiskyexchange.com

그렇지만 가장 이상적인 방법은 가서 눈으로 살펴보고 전문지식을 가지고 있는 친절한 점원에게 직접 문의하는 것입니다. 다수의 훌륭한 오프라인 샵 혹은 체인점들이 있는데, 영국 전역에 체인점이 있는 더 위스키 샵(The Whisky shop), 다섯 개의 매장을 운영하는 로버트 그레이엄스 (Robert Graham's), 에든버러와 런던의 캠벨타운에 있는 케이든헤드(Cadenhead) 등이 있습니다. 런던 내에서는 명망 있는 소규모 개인 샵들도 있는데, 더 위스키 익스체인지(The Whisky Exchange), 헤도니즘 와인(Hedonism Wine), 베리 브라너스 앤 리드(Berry Bros&Rudd), 밀로이즈 오브 소호(Miloy's of Soho), 더 빈티지 하우스(The Vintage House) 등이 있습니다. 잉글랜드 지역 전체로 보자면 베이크웰에 있는 더 위 드람(The Wee Dram), 링

컨 위스키 샵(Lincoln Whisky Shop), 하이워스타운에 있는 아크라이트(Arkwrights), 스터 브릿지타운의 니콜스&퍽스(Nickolls&Perks), 버밍엄의 하드 투 파인드 위스키(Hard to Find Whisky) 그리고 브릿지에 있는 위스키스(Whiskys) 등이 있습니다. 잉글랜드지역을 제외한 영국 전역으로 보자면 더프타운의 더 위스키 샵(The Whisky Shop), 토민토의 더 위스키 캐슬(The Whisky Castle), 밴프의 파커스 위스키(Parkers Whisky, Banff), 헌틀리의 위스키스 오브 스코틀랜드(Whiskies of Scotland), 세인트 앤드류스의 루비안스(Luvians), 그리고 더 그린 웰리 숍(The Green Welly Shop) 등이 있습니다. 무엇보다 엘긴에 있는 고든 앤 맥페일 샵(Gordon&Macphail's shop)은 성지와 같은 곳이므로 방문해 볼 가치가 있습니다.

추가 자료들

서적

위스키와 관련된 책이나 웹사이트가 쓸데없이 너무 많다고 말하는 사람들도 있습니다. 그러나 저는 (제 위스키 리스트처럼) 다양한 관점에서 지식을 쌓으실 수 있도록 몇 가지 위스키 서적을 추천해 드리려 합니다.

위스키에 대해 쓰인 최초의 현대 서적은 아이네아스 맥도널드(Aeneas Macdonald)의 '위스키(Whisky)'입니다. 이 책의 출판연도(1930년)에도 불구하고 아직도 놀라울 정도로 부합하는 측면이 있으며, 스카치위스키에 대해 시적으로 설명해 주는 간략한 입문서로서 읽어볼 만합니다. 최근에는 삽화를 곁들인 멋진 신간이 출판되었는데(베를린 출판사, 9.99파운드 - 가격은 매우 저렴), 맞습니다, 그 책의 편집자가 바로 접니다. 제 다른 작업물에 대해 이렇게 간접 홍보를 하며 여러분의 이목을 집중시킨 김에 한 가지만 더 말씀드리자면, 저의 다른 작업물인 '위스키스 갈로어(Whiskies Galore)'에서는 회상 및 여행 이야기를 즐기실 수 있습니다.

스카치위스키 산업의 역사에 관해서는 마이클 모스(Michael Moss)와 존 흄(John Hume)이 공동 집필한 '스카치위스키의 기원(The Making of Scotch Whisky)'을 추천합니다. 다소 딱딱한 문체에 시대에 뒤처진 감이 없지 않아 있지만 매우 귀중한 책입니다. 찰스 매클린(Charles Maclean)의 '스카치위스키: 술의 역사(Scotch Whisky: A Liquid History)'는 좀 더 쉽게 읽힙니다. 최근 대영제국훈장(MBE)을 받은 찰스는 또한 (스튜어트 리프와 함께) 매우 유용한 짧은 입문서인 '블렌디드 스카치 탐구하기(Exploring Blended Scotch, 국제 와인 및 음식 협회 출간, 9.99파운드)'의 공동 저자이기도 합니다. 이 책은 간결하지만, 블렌딩의 원리와 현장 관행에 대한 명쾌하고 읽기 쉬운 시놉시스를 담고 있습니다.

개빈 D. 스미스(Gavin D. Smith)는 스코틀랜드의 사람들과 이들의 기질에 관해 빠삭합니다. 출판된 지 꽤 됐지만 여전히 '더 위스키 맨(The Whisky Men)'은 찾아볼 가치가 있습니다. 마찬가지로 스카치위스키의 맛 평가를 원한다면 데이비드 위샤트(David Wishart)의 '위스키 클래시파이드(Whisky Classified)'를 참고하십시오.

최근 일본 위스키 열풍에 비해 아직 일본 위스키에 대한 영어 자료는 비교적 미비하지만, 데이브 브룸의 신작인 '위스키의 길: 일본 위스키 일주 여행(The Way of Whisky: A Journey Around Japanese Whisky)'에서 대부분의 궁금증을 해소하실 수 있으실 겁니다. 울프 부루드(Ulf Buxrud)의 '위스키: 최종판(Whisky: The Final Edition)'은 일본의 치치부-

기쿠수이(Chichibu-Kikusui), 한유(Hanyu), 그리고 치치부(Chichibu) 증류소에 대한 이야기를 다루고 있습니다. 피터 멀라이언(Peter Mulryan)의 '아일랜드의 위스키(The Whisky of Ireland)'는 현대 아일랜드 위스키에 관해 설명하는 꼭 필요한 저서이며, 피오난 오코너(Fionnan Oconor)의 화려한 삽화가 인상적인 훌륭한 저서, '한 잔 떨어져서(A Glass Apart)'는 어떤 서재에 두어도 빛날 만한 책입니다.

전 세계 위스키에 대한 보다 포괄적인 내용과 기본적인 소개를 원하시면 찰스 맥린(Charles MacLean)이 편집자로 참여한 '월드 위스키(World Whisky)'를 참조하십시오. 저도 여러 기고자 중 한 명이었습니다. 세계 위스키 시장의 최신 현황을 접하고 싶으시다면, 도미닉 로스크로우(Dominic Roskrow)가 newwizards.co.uk에서 무료로 볼 수 있는 전자 잡지 '스틸스 크레이지(Stills Crazy)'를 발행하고 있습니다. 그는 또한 일본과 미국 위스키에 관해 방대한 양의 글을 집필했습니다.

미국인들의 관점이 궁금하시다면, 클레이 라이젠(Clay Risen), 칩 테이트(Chip Tate), 카를로 데비토(Carlo DeVito)가 공동집필한 '더 뉴 싱글 몰트 위스키(The New Single Malt Whisky)'에서 스코틀랜드산 위스키와 신세계 위스키에 대한 가이드를 제공합니다. 프레드 미니크(Fred Minnick)와 루 브라이슨(Lew Bryson)은 미국 위스키에 대한 권위 있는 저술가이기도 합니다..

디아지오에서 오랫동안 근무한 PR 전문가, 니콜라스 모건 박사(Dr. Nicholas Morgan)는 비록 기업의 시각에서 쓴 글이긴 하지만 저서인 '긴 여정(A Long Stride)'에서 조니워커와 자신의 인연을 회고함과 더불어 브랜드에 대한 철저한 분석을 담는 등 활발히 활동해 왔습니다. 그 후 그는 곧바로 은퇴했고, 후속작으로 '위스키에 대해 여러분이 알아야 할 모든 것(Everything You Need To Know About Whisky)'이라는 책을 출판했습니다. 그러나 제목이 불러일으킨 기대감에도 불구하고 다른 책에서 이미 충분히 다루지 않은 새로운 내용은 거의 없는 것 같습니다. 마찬가지로 빌리 애보트(Billy Abbott)의 '위스키 철학(The Philosophy of Whisky)'도 매우 유쾌한 분석이긴 했지만, 제목에서 기대할 법한 깊이 있는 고찰에는 훨씬 못 미칩니다.

일부 사람들은 짐 머레이(Jim Murray)의 '연간 위스키 바이블(annual Whisky Bible)'이 유용하다고 생각하지만, 그의 시음 노트 중 일부가 부적절하게 성적인 표현으로 논란을 불러일으키기도 했습니다. 후속작에는 시음 노트에 사전경고가 붙을지도 모른다는 사실이 믿기지 않지만, 그의 스타일이 모든 사람의 취향에 부합하지 않는다는 건 분명합니다.

'몰트 위스키 연보(The Malt Whisky Yearbook)'는 매년 발행됩니다. 제목만 보고 속단하지 마십시오. 세상의 모든 위스키가 여기에 있습니다. 내용은 정확하고 정기적으로 업데이트되며 특히 새로운 증류소와 신세계 생산자에 대한 흥미로운 정보의 보고이자 귀중한 가이드입니다.

세상에는 많은 책들이 있지만, 슬프게도 점점 더 치열해지고 이미 체계화가 잘 된 분야에서 진정으로 새로운 무언가를 말해 줄 수 있는 저자를 찾기란 점점 더 어려워지고 있습니다. 제가 모르고 그냥 지나친 가치 있는 작품이 있다면 미리 사죄드립니다.

잡지

다양한 잡지들이 있습니다. 아마도 영어로 된 최고의 잡지인(영국에, 그리고 프랑스에서는 불어로 발간되는) '위스키 매거진(Whisky Magazine)'과 미국 쪽 대체재인 '위스키 애드보커트(Whisky Advocate)'일 것입니다. 야심 차게 제작된 '위스키 쿼터리(Whisky Quarterly)'는 전 세계적인 전염병의 희생양이 된 것 같습니다.

웹사이트

위스키에 관한 웹사이트는 철저한 것부터 부족한 것, 권위 있고 신뢰할 수 있는 것부터 툭 까놓고 말해 괴상한 것까지 말 그대로 수백, 수천 개에 이릅니다. 안타깝게도 '몰트 매니아 웹사이트(www.malt-whisky-madness.com)'는 팬데믹의 희생양이 된 것 같지만 여전히 아카이브를 확인해 볼 가치가 있습니다. 뜨고 지는 블로거들은 다양한 수준의 열정과 전문성으로 개인 사이트를 관리하고 있고, 덧붙이자면 광적인 소셜미디어 플랫폼도 존재합니다. 제가 아는 한 자체 웹사이트가 없는 브랜드는 없습니다. PR 글귀 사이사이에서 유용한 정보를 얻을 수 있습니다.

온라인 세상이 빠르고 지속해서 변화한다는 점을 고려할 때, 추천할 만한 콘텐츠는 제한적이지만 그런데도 기발하고 매력적인 랄프 미첼(Ralf Mitchell)의 웹사이트(www.ralfy.com)를 추천해 드리고 싶습니다. 현재로서 최고의 팟캐스트는 매우 전문적으로 제작되는 www.whiskycast.com입니다. 솔직히 온라인 세상은 정글과도 같은 야생 그 자체이지만 구글과 함께 몇 시간만 투자한다면 생각보다 많은 위스키 사이트를 찾을 수 있고(물론 다른 서치엔진들도 사용할 수 있습니다) 곧 마음에 드는 사이트를 찾을 수 있을 것입니다. 그도 아니라면 언제든지 여러분만의 블로그를 시작할 수도 있을 테고요. 행운을 빕니다!

감사의 말

정말로 믿어지지 않습니다. 2010년에만 해도 셀 수 없을 만큼 많은 출판사가 저의 초기 출판 제안서를 거절했음에도 불구하고('이미 시장에 위스키 책이 너무 많다'는 이유로), 처음부터 저의 아이디어를 믿어준 제 에이전트 주디 모어(Judy Moir)는 그럴수록 더욱 긍정적으로 생각하고 도움이 되어주고 용기를 북돋아 주었습니다. 그녀와 하쉐트(HACHETTE) 스코틀랜드의 밥 맥데빗(Bob McDevitt)의 열정과 지원에 감사드리며, 최근에는 엠마 테이트(Emma Tait)와 조나단 테일러(Jonathan Taylor)의 관리·감독하에 다섯 번째 개정판과 그 스핀오프인 '101가지 전설적인 위스키(101 Legendary Whiskies)'와 '101가지 크래프트 앤 월드 위스키(101 Craft & World Whiskies)'까지 출간할 수 있었습니다.

누가 상상이나 했겠습니까? 하지만 가장 큰 감사는 지속적인 관심과 지원을 보내주시고 기다려 주시는 독자 여러분께 드립니다.

제 아내 린지(Lindsay)는 이 책의 퇴고와 새로운 항목을 집필하는 동안 저의 짜증과 정신적 부재를 감당해 주며 엄청난 인내심을 발휘해 주었습니다. 우리가 현재 5번째 개정판까지 와 있기 때문에(방금 말씀드렸던가요?) 아내도 이젠 익숙해졌을 겁니다. 사실, 아내는 요새 온라인 브릿지 카드 게임에 빠져 살기 때문에 눈치채지 못했을지도 모릅니다…. 진실이 뭐가 됐든 아내에게 가장 큰 감사를 전합니다.

여전히 편집을 담당해 주는 경이로운 엠마 테이트는 언제나처럼 남들의 두 배나 이른 시일 내에 작업물을 언론에 공개할 수 있도록 준비해 주었습니다. 알아보기 쉽고 가독성 있는 디자인은 언제나처럼 린 카(Lynn Carr)의 작품이며, 표지 예술의 상상력을 더해 새로 작업해 준 믿을 만한 패트릭 인솔(Patrick Insole)에게 감사를 표합니다.

물론, 이번 판 안에 자잘한 실수는 제가 저지른 잘못이지만 여섯 번째 개정판에서 다시 바로잡아 보겠습니다. 새로 개정판이 나온다면 말입니다!

죽기 전에 마셔봐야 할

101가지
위스키

1판 1쇄 발행 2024년 1월 25일
1판 2쇄 발행 2024년 3월 15일

저   자 | 이안 벅스턴
역   자 | 조문주
발 행 인 | 김길수
발 행 처 | (주)영진닷컴
주   소 | (우)08507 서울특별시 금천구 가산디지털 1로 128
STX-V 타워 4층 영진닷컴 기획 1팀
등   록 | 2007. 4. 27. 제 16-4189호

©2024. (주)영진닷컴

ISBN | 978-89-314-6919-6

YoungJin.com **Y.**
영진닷컴

위스키 인포그래픽

Dominic Roskrow 저 | **한혜연** 역 | **22,000원** | **224쪽**

싱글 몰트부터 블렌디드, 버번과 테네시, 라이 위스키까지. 세계의 모든 위스키를 스타일별로 망라해 소개한다. 위스키를 마시는 법과 기본 상식부터 색상표, 연대표, 원자 구조 도표 등 직관적인 인포그래픽을 통해 다소 복잡하고 어려워 보이는 다양한 위스키들을 쉽게 이해할 수 있도록 알려준다.

칵테일 인포그래픽

Jordan Spence 저 | **박성환** 역 | **23,000원** | **256쪽**

편의점에서 쉽게 구할 수 있는 맥주에 비해 칵테일은 왠지 바를 찾아야만
먹을 수 있다는 생각에 쉽게 찾는 술은 아니다. 집에서 만들어 보려고 해
도, 제조 과정이 복잡하고 까다로울 거 같아 선뜻 망설이게 된다. 칵테일
재료와 제조 과정을 한눈에 들어오는 인포그래픽으로 표현했다면 어떨
까? 클래식부터 현대적인 칵테일까지 200개가 넘는 칵테일 레시피를 인포
그래픽으로 알려준다.

잇츠 칵테일

김봉하 저 | 30,000원 | 312쪽

대한민국의 믹솔로지스트 김봉하

칵테일이 처음인 분들을 위해 칵테일에 대한 기본 지식과 유명 칵테일을 소개하며, 더 알고 싶은 분들을 위해 칵테일에 얽힌 스토리와 맛 인포그래픽과 레시피를 제공합니다. 심지어 자신의 시그니처 칵테일까지 말이죠! 칵테일에 눈을 뜬 여러분이 소중한 지인과 취미를 나눌 수 있도록 돕습니다. 모든 칵테일 레시피에는 조주동영상을 제공합니다. 바에 들른 것처럼 눈앞에서 펼쳐지는 마법을 만끽해보세요! 아래의 QR코드는 레몬 드롭이라는 칵테일 영상입니다.